SCHLEUDERGEBLÄSE

BERECHNUNG UND KONSTRUKTION

VON

HANS RUDOLF KARG

OBERINGENIEUR

MIT 49 ABBILDUNGEN UND
DIAGRAMMEN, 9 TABELLEN
UND VIELEN BEISPIELEN

DRUCK UND VERLAG VON R. OLDENBOURG · MÜNCHEN UND BERLIN

1926

Vorwort.

Die Fachliteratur über Schleudergebläse ist keine umfangreiche, wennschon von einem Mangel nicht gesprochen werden kann. Insoweit aber ein solcher vorliegt, bezieht er sich auf Fachwerke, die dem Ingenieur und Konstrukteur, falls sie nicht schon Spezialisten auf diesem Gebiete sind, in gedrängter aber erschöpfender Form das bieten, was sie, ohne weitschweifige Entwicklungen und ohne höhere Mathematik brauchen, um marktgängige Ventilatoren und Exhaustoren, sowie solche für Sonderfälle rasch und zuverlässig berechnen, konstruieren und ausführen zu können. Es mangelt ein Buch, das auf wissenschaftlicher Grundlage stehend, unter Beachtung und Verwertung aller seit Jahren in der Praxis gesammelten Erfahrungen auch dem Mittelschulingenieur das bietet, was dieser vergeblich in der Fachliteratur sucht, mindestens aber mühsam und doch unvollständig zusammentragen muß.

Dem Konstrukteur ist wenig damit gedient, wenn er aus Büchern kaum mehr als Abbildungen und Beschreibungen von Schleudergebläsen, die überwiegend der Vergangenheit angehören und überholt sind, sowie Katalogangaben entnehmen kann, während ihm für seine konstruktive Tätigkeit Steine anstatt Brot geboten werden. Die alten Lehrbücher, unter denen sich ganz treffliche befinden, eignen sich für die neuen Verhältnisse nicht mehr. Die neueren Werke lassen die Behandlung wichtiger Fragen offen oder geben nur andeutungsweise Aufschluß. Das Rechnen mit Entropietafeln ist nicht jedermanns Sache und erscheint auch nur gerechtfertigt, sofern es gilt, Turbogebläse und Turbokompressoren zu berechnen, denn bei einstufigen Schleudergebläsen — und nur diese sollen in vorliegendem Handbuch behandelt werden — wird mit Recht die minimale Verdichtung und Temperatursteigerung der zu fördernden Gase vernachlässigt. Es handelt sich heute mehr, denn je, darum, produktive Arbeit zu leisten; überflüssiger Ballast ist zu beseitigen.

Der wirklichen Spezialisten im Schleudergebläsebau sind es nicht viele und wenn diese mit ihren reichen Sondererfahrungen der Öffentlichkeit gegenüber zurückhalten, so ist ihnen dies nicht ganz zu verdenken. Und trotzdem werden in einer Unzahl größerer und kleiner Betriebe Schleudergebläse erstellt, die aber leider in nur verhältnismäßig wenigen Ausführungen dem entsprechen, was nach dem heutigen Stande der Technik und im Hinblick auf die Wichtigkeit der Schleudergebläse in der Industrie, Hygiene usw. billigerweise gefordert werden kann.

Das vorliegende Handbuch befaßt sich eingangs kurz mit den für die Berechnung von Schleudergebläsen erforderlichen physikalischen Gesetzen der Ventilatorentheorie, aber nur insoweit, als dies unbedingt erforderlich ist, denn für diesbezügliche Sonderstudien sollen andere Behelfe herangezogen werden.

Im weiteren befaßt sich das Buch mit der Berechnung und Konstruktion der Schleudergebläse bis zu 1500 mm Flügeldurchmesser und den erreichbar höchsten Über- und Unterdrücken. Dabei wird auf jegliche Einzelheiten eingegangen; nichts fehlt, was zur Bestimmung eines guten Ventilators erforderlich ist.

In besonderen Abschnitten werden die so wichtigen richtigen Einströmungsgeschwindigkeiten nach neuem, erprobtem Verfahren behandelt, desgleichen die Ermittelung der manometrischen und mechanischen Nutzungswerte nach dem Proportionalitätssystem, durch Berechnung und Diagramme die allein richtigen Ein- und Auslaßwinkel der Schaufelenden usw.

Auf Berechnung der Wellen, Lager und Riemen wurde desgleichen Wert gelegt, weil diese beim Betriebe von Schleudergebläsen in höherem Maße beansprucht werden, als gemeinhin der Fall ist.

Über richtiges statisches und dynamisches Auswuchten der Flügelräder ist in den vorhandenen Werken gar nichts zu finden, ebensowenig über Auswuchtmaschinen, mittels derer allein jegliche Unbalance zu beseitigen ist. Ein besonderes Kapitel beschäftigt sich kurz, doch hinlänglich erschöpfend mit diesen hochwichtigen Fragen.

Auch die Bestimmung der so gefährlichen »kritischen Umlaufzahlen« und Berechnung der Wirkung von Massenverschiebung — Exzentrizität des Schwerpunktes gegenüber der Wellenachse — ist ein gebieterisches Erfordernis der Zeit, nachdem bei Schleudergebläsen Umlaufgeschwindigkeiten zur Erzeugung hoher Pressungen auftreten, die ehedem nicht entfernt in Betracht kamen, die indes sehr gefährlich werden können, sofern nicht bei Dimensionierung der Welle die nötige Sicherheit geschaffen wird.

An Formeln und Gleichungen ist geboten, was irgend nötig war. Von ganz wenigen Fällen abgesehen, ist von Entwickelung und Ableitung der Formeln Abstand genommen worden; dem Konstrukteur ist gewissermassen der Extrakt gegeben. Erfahrungsgemäß werden langatmige Entwickelungen meist übergangen; man sucht nur die eingerichtete Formel. Wem diese nicht genügt, hat reichlich Gelegenheit in Büchern, die das gleiche Thema behandeln, die ausgedehntesten Formelentwickelungen zu studieren. Dieses Handbuch hat hiefür keinen Platz.

Biete ich den älteren und jüngeren Kollegen das, was sie brauchen, so soll mir das hübscher Lohn sein.

Berlin-Neukölln, im März 1926.

Hans Rudolf Karg
Oberingenieur.

Inhalts-Verzeichnis.

Verzeichnis wichtiger Diagramme.

Verzeichnis der beigefügten Tabellen.

Literatur-Verzeichnis.

Bach, C., Die Maschinen-Elemente. Stuttgart.

Biel, R., Mitteilungen über Forschungsarbeiten. V. d. I., Heft 44.

—, Die Wirkungsweise der Kreiselpumpen und Ventilatoren. V. d. I., Heft 42.

Blaeß, Viktor, Die Strömung in Röhren und die Berechnung weitverzweigter Leitungen und Kanäle. Oldenbourg, München und Berlin.

Haupt, Paul, Kugel- und Walzenlager in Theorie und Praxis. R. Oldenbourg, München und Berlin, 1920.

Heymann, Hans, Die Auswuchtung rotierender Massen. Nicht im Handel. »Hütte« 1919. Berlin.

Jakob und Erk, Der Druckabfall in glatten Rohren und die Durchflußziffer von Normaldüsen. V. d. I., Heft 267.

Kucharski, W., Strömungen einer reibungsfreien Flüssigkeit bei Rotation fester Körper. R. Oldenbourg, München und Berlin, 1918.

Lehr, Ernst, Die umlaufenden Massen als Schwingungserreger. V. d. I.

Lorenz, H., Neue Theorie und Berechnung der Kreiselräder. R. Oldenbourg, München und Berlin, 1911.

»Regeln für Leistungsversuche von Ventilatoren und Kompressoren«. V. d. I. 1912.

Einleitung.

Ventilatoren als drückende, Exhaustoren als saugende Zentrifugal-
gebläse, besser Schleudergebläse genannt, sind seit langem bekannt,
finden für die verschiedenartigsten Zwecke, soweit solche innerhalb
ihres Wirkungsbereiches fallen, Verwendung und rechnen mit zu den
einfachsten Maschinen. Die Gesetze, nach denen die Schleudergebläse
arbeiten und deren genaue Beachtung bei der Konstruktion und Ausführung natürlich unerläßlich ist, sind an sich keineswegs verwickelte,
und deshalb sollte man annehmen, daß Schleudergebläse, gleichviel
wo solche erstellt wurden und werden, weitgehende, wenn nicht gar
völlige Übereinstimmung aufweisen. Das ist aber keineswegs der Fall;
die Verschiedenartigkeit der einzelnen Fabrikate ist eine erhebliche.
Es muss sogar festgestellt werden, daß die Konstruktionsregeln bei
Typen derselben Fabrik keiner Gesetzmässigkeit unterliegen und zwar
geht das teilweise soweit, daß man füglich zu der Überzeugung gelangen
muß, in dergleichen Fällen könne von einer sinngemäßen Berechnung
keine Rede sein.

Der tatsächliche Mangel an wirklichen Ventilatorspezialisten, sodann die Einfachheit der Schleudergebläse, deren vermeintlich leichte
Fabrikation und das weite Absatzgebiet wirken auf viele Kleinfabri-
kanten verlockend und deshalb darf man sich nicht darüber wundern,
daß Hinz und Kuntz Schleudergebläse erstellen, die allerdings sämt-
lich »fördern«, aber da, wo es sich um halbwege Erfüllung von Leistungs-
garantien handelt, beinahe ausnahmslos versagen. Meistens wird ein
Ventilator bewährter Herkunft bezogen, eine Liste mit den Hauptabmessungen verschiedener Größen ist vollends kostenlos zu erlangen
und so kann denn die Fabrikation aufgenommen werden. Daß diese
kleine Schilderung keine Übertreibung ist, läßt sich leicht an Hand
verschiedener Werbedrucke, insbesondere Leistungstabellen nachweisen.
Hier ein Fall aus vielen.

Eine nicht unbedeutende Firma hatte den Bau von Ventilatoren
aufgenommen und gibt u. A. für einen ihrer neuen Ventilatoren eine
minutliche Maximalleistung von 1420 cbm bei einer Gesamtpressung
von 100 mm WS und 58 PS Kraftbedarf an. Rechnet man dieses
Gebläse nach den gebotenen Abmessungen und Angaben nach, dann

stellt sich ein wunderbares Resultat heraus. Die Eintrittsgeschwindigkeit der Luft beträgt 27,4 m/sek gegenüber der höchstzulässigen 26,3 m und die Austrittsgeschwindigkeit gar 59,9 m/sek, was einer Geschwindigkeitshöhe von 236 mm WS entspricht! Die dynamische Pressung übersteigt sonach die angegebene Gesamtpressung um 136 mm WS; von statischer, also allein Arbeit verrichtender Pressung ist keine Rede, selbst dann nicht, wenn dem Gebläse ein in der Liste als passend empfohlener Diffusor angebaut wird. Daß hiernach auch die Kraftangabe nicht stimmen kann, ist selbstverständlich, denn nur die dynamische Pressung berücksichtigt, sind statt der genannten 58 PS deren 138 erforderlich.

Der Verein deutscher Ingenieure wußte sehr wohl, was er tat, als er in seinen Vorschlägen über Leistungsversuche an Ventilatoren verlangte, die jeweils erreichbare Pressung (Über- oder Unterdruck) solle nur noch in statischer Pressung angegeben werden, denn diese allein vermag Widerstände zu überwinden, d. h. Arbeit zu verrichten. Geschwindigkeitshöhe, die nur der Luftbewegung dient, ist solange wertlos, als sie nicht durch Vorbau eines Diffusors — der aber nicht in allen Fällen anwendbar ist — teilweise in statische Pressung umgewandelt werden kann. Dem Winke des Vereins deutscher Ingenieure wurde auch seitens einer Anzahl Schleudergebläse bauender Firmen entsprochen. Jedenfalls steht wohl fest, daß jeder, der sich einen Ventilator oder Exhaustor beschaffen will, mit mehr Vertrauen an eine Firma herantreten kann, die in ihren Katalogen und Werbedrucken die erreichbaren statischen Pressungen nennt, als an eine, welche dies unterläßt.

Für den Bau eines Schleudergebläses kommen vornehmlich in Betracht: das Flügelrad und das Gehäuse. Für ersteres sind festzulegen, je nach der zu erzielenden Pressung und der Art des Fördergutes: äußerer und lichter Durchmesser für ein- oder beiderseitige Ansaugung, Form und Anzahl der Schaufeln, deren Breite am inneren und äußeren Radumfang, sowie die Schaufelwinkel für den Luft- oder Gasein- und Austritt. Für das Gehäuse sind zu bestimmen Durchmesser oder Querschnitt der Saug- und Ausblaseöffnungen, lichte Breite, Abstand der sogen. Zunge vom äußeren Flügeldurchmesser und das sogen. Konstruktionsquadrat für die Gehäusespirale. Ob das Gehäuse von Grauguß, Eisenblech oder sonst einem geeigneten Material angefertigt wird, ist zunächst nebensächlich. Mit der früher gültigen Annahme, daß für Hochdruck-Ventilatoren und Exhaustoren nur Gußeisengehäuse in Frage kommen, ist in Spezialistenkreisen längst gebrochen. Werden doch Blechgehäuseventilatoren für Pressungen bis 850 mm WS gebaut, eine Leistung, die man früher selbst für beste Gußgehäusegebläse nicht für erreichbar hielt. Das Blechgehäuse ist — richtige Spirale und gute Ausführung vorausgesetzt — innen glatter, bietet weniger Wirbel erzeugende Widerstände, als ein Gußgehäuse und läßt sich, weil unabhängig von kostspieligen Modellen, leicht allen Erfordernissen anpassen, wie solche oft für Sonderfälle auftreten. Die Erzeugung hohen Über- oder Unterdruckes hängt nur wenig vom Gehäuse, sondern vom Flügelrade, besonders von dessen Schaufelung ab. Hierin wurde und wird allerdings viel gesündigt. Man untersuche nur die so wichtigen inneren Schaufelwinkel vorhandener Schleudergebläse und wird finden, daß nicht 2 v. H. richtig sind.

Vorstehend wurde ausgeführt, welche Teile bei der Berechnung und Konstruktion eines Schleudergebläses von maßgebender Wichtigkeit sind und es ist gewiß ohne weitere Begründung einzusehen, daß streng gesetzmäßige Beziehungen — gleichviel ob wissenschaftlicher oder empirischer Art — zwischen diesen bestehen müssen, wenn gleiche oder doch naheliegende Nutzungswerte erreicht werden sollen.

Von den neueren Schleudergebläsen zeichnen sich diejenigen Rateaus durch besonders hohe manometrische und mechanische Wirkungsgrade aus und demnach erscheint es sicherlich angebracht, wenn man die bewährten Abmessungen dieser Gebläse bei Vergleichen heranzieht. Dabei zeigen sich nun mitunter die weitgehendsten Abweichungen, die sich ausnahmslos in geringen Effekten sinn- und kostenfällig auswirken.

Die Sauge- und Einströmungsöffnungen der Schleudergebläse sind gleich oder ein Mehrfaches der Ausblaseöffnung. Daß dieses Verhältnis bei einer Gebläsetype von der kleinsten bis zur größten Nummer ein solches sein muß, daß es sich zeichnerisch durch eine Grade oder Kurve darstellen lassen muß, erscheint selbstverständlich; Ausnahmen sind lediglich für Sonderfälle zulässig. Da die Flügelraddurchmesser ihrerseits auch wieder in Beziehung zu den Saug- und Ausblasöffnungen stehen, gilt das vorstehend Gesagte auch hierfür.

Wie dieses einfache Gesetz in der Praxis beachtet wird, dafür bietet das umstehende Diagramm einen sichtbaren und lehrreichen Beweis.

Es handelt sich um das Verhältnis zwischen Flügelrad- und Ausblasdurchmesser von Hochdruckventilatoren, gültig für je eine geschlossene Typenreihe und Erzeugnisse von Firmen, die sich eines guten Rufes erfreuen. Von allen 5 Ventilatorenreihen weist keine einzige ein gesetzmäßiges Verhältnis auf; jede der Kennlinien verläuft mehrfach gebrochen. Daß diese und andere, größere Fehler sehr wohl zu vermeiden sind, wird das Handbuch lehren.

Die häufig aufgestellte Behauptung, daß an sich ganz gleiche Schleudergebläse nicht mit demselben Wirkungsgrad arbeiten, ist in dieser Form unzutreffend. Wie an anderer Stelle nachgewiesen wird, haben Schleudergebläse gleicher Type, wennschon verschiedener Größe, übereinstimmende Charakteristik, sofern sie in ihren Details Symmetrie aufweisen. Trifft dies nicht zu, dann sind Abweichungen unvermeidlich. Stelle man sich zwei Ventilatoren vor, die in allen Punkten, bis auf den Ausblasequerschnitt übereinstimmen und unter genau gleichen Bedingungen arbeiten, so ist doch zu erkennen, daß die zu fördernde Luft den Ausblas geringeren Querschnittes mit größerer Geschwindigkeit verläßt, als die weitere Öffnung und die naturgemäße Folge ist, daß

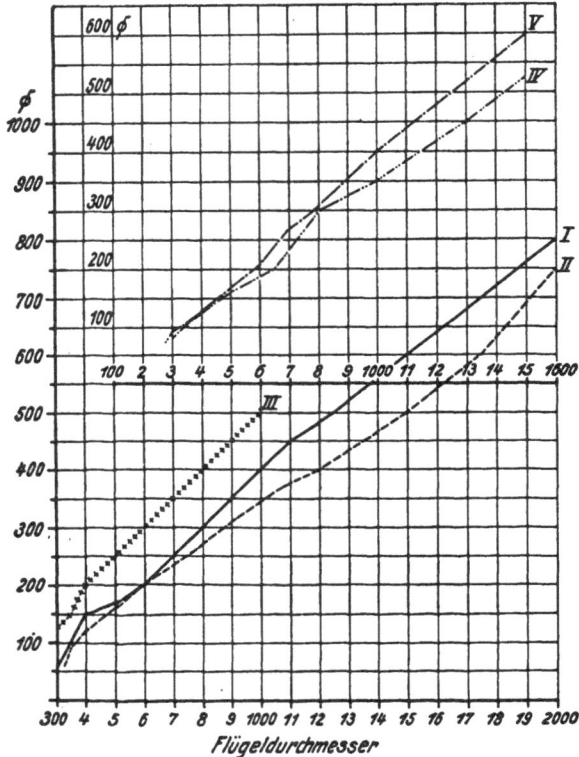

Abb. 1.

trotz gleicher Gesamtpressung die dynamische, die Geschwindigkeitshöhe, größer und damit die statische Pressung geringer sein wird, als bei dem Gebläse mit größerem Ausblas. Im Allgemeinen sind sowohl die manometrischen, wie mechanischen Nutzungswerte bei größeren Ventilatoren günstiger, als bei kleinen.

Rateau beobachtet bei seinen Konstruktionen als Norm, den Durchmesser seiner Saugöffnungen gleich 1,035 des Ausblasedurchmessers zu machen. Da die ausströmende Gasmenge gleich der angesaugten ist (die geringe Verdichtung und mit dieser verbundene Volumenänderung muß praktisch umsomehr vernachläßigt werden, als sie durch die

Verdichtungswärme wettgemacht wird), kann die Differenz in den Querschnitten nur damit gerechtfertigt werden, daß durch Kontraktion eine Volumenminderung erfolgt. Dies in der Weise zum Ausdruck zu bringen, wie es bei Rateau geschieht, kann nicht unbedingt gutgeheißen werden, weil sich leicht irrige Auffassungen herausbilden. Es ist sehr darauf zu achten, die Begriffe Durchmesser und Querschnitt getrennt zu halten; die Durchmesser 1 und 2 verhalten sich hinsichtlich ihrer Querschnitte wie 1 zu 4.

Bei Schleudergebläsen mit Blechgehäusen ist die Ausblasöffnung aus fabrikatorischen Gründen überwiegend rechteckig oder quadratisch und wird erst durch einen Diffusor oder ein Übergangsstück nach der Rohrleitung hin in einen runden Querschnitt übergeführt. Dieser rechteckige Querschnitt ist aber keineswegs gleichwertig einem runden gleichen Inhaltes; man hat hierzu den »gleichwertigen Durchmesser« zu ermitteln. Diese Notwendigkeit ergibt sich aus folgender Tatsache:

Die Gasströmung innerhalb eines runden Querschnittes ist unter normalen Verhältnissen eine beinahe gleichmäßige, was für den quadratischen und rechteckigen Querschnitt nicht zutrifft. Es hat sich ergeben, daß die Gasströmung in den Ecken weit gegenüber derjenigen in der Mitte zurücksteht. Man vermag sich hiervon leicht dadurch zu überführen, daß man in die Ecken eines rechteckigen Rohres, das vertikal ausbläst, nicht zu dünnes Papier, besser leichte Papierschnitzel, einführt; dieselben werden, sofern der Hauptstrom nicht sehr hohe Geshwindigkeit aufweist, in der Schwebe bleiben oder gar niedersinken. Diese Minderförderung der ganz- oder halbtoten Ecken muß natürlich berücksichtigt werden und das geschieht nach der Gleichung:

$$\text{Gleichwertiger Durchmesser } D_{gl.} = \frac{4 \cdot F}{U} \text{ oder } \frac{2 \cdot a \cdot b}{a+b}$$

worin bedeuten:

$F =$ Fläche des Quadrates oder Rechteckes,
$U =$ Umfang des Quadrates oder Rechteckes,
$\left.\begin{array}{l} a = \\ b = \end{array}\right\}$ Seiten des Quadrats oder Rechteckes

und hieraus ist ersichtlich, daß der gleichwertige Durchmesser eines Quadrates stets gleich dem von diesem eingeschlossenen Kreise, d. h. einer Seite des Quadrates ist.

Diese Umrechnungsformel, die bei Anlegung rechteckiger Leitungskanäle für Rauchgasförderung usw. von Fachtechnikern nie außer acht gelassen wird, findet bei Konstruktion von Schleudergebläsen bisher keine Anwendung, obschon Messungen auf dem Prüfstand oder in der Praxis die Notwendigkeit der Bestimmung des gleichwertigen Durchmessers deutlich vor Augen geführt hätte. Es erscheint sonach die Untersuchung der Ventilatoren auf dem Prüfstand nicht zu den häufigen Gepflogenheiten der Herren Fabrikanten zu gehören, denn anders ist es kaum zu erklären, daß die rechteckigen Ausblasquerschnitte noch immer voll in Rechnung gestellt werden. Das Rateausche Verhältnis sinngemäß in Anwendung gebracht, lautet: Einlaß- und Auslaßquerschnitte sind einander gleich, sofern es sich um Niederdruckgebläse für maximal 150 mm WS handelt. Demgegenüber ist aber festzustellen, daß es Ventilatorenfirmen gibt, welche dies Verhältnis bis auf 1 zu 1,7 treiben. In Ausnahmefällen, und wo es sich um sehr hohe Pressungen handelt, die Lufteintrittsgeschwindigkeit also gegenüber der Austrittsgeschwindigkeit klein zu halten ist, mag ein Abweichen von der Rateauschen Regel nicht nur angebracht, sondern geboten sein und kann man dann unbedenklich die Eintrittsöffnungen — es sind bei Hochdruckventilatoren deren zwei — je gleich der Ausblaseöffnung und auch größer bemessen.

Auf das wichtige Verhältnis des äußeren zum inneren Flügelraddurchmesser wurde bereits hingewiesen; letzterer soll normal gleich dem Durchmesser der Saugöffnung, keinesfalls aber kleiner als dieser sein. Rateau hält bei all seinen Konstruktionen daran fest, den äußeren Flügeldurchmesser gleich 1,67 des lichten zu bemessen. Die seitens des Verfassers untersuchten Ventilatoren deutscher Firmen weisen Verhältnisse zwischen 1,33 und 2,0 auf. Ausgenommen bleiben die sogen. » Trommelflügel «, wie sie die Turbon-, Sirokko- und ähnliche Gebläse aufweisen, die durchwegs nur für geringe Druckunterschiede bei großen Fördermengen verwendbar sind. So sehr die Rateauschen Gebläse in vielen Punkten als vorbildlich anzuerkennen sind, so haben doch lange, umfassende Versuche einwandfrei dargetan, daß mit dem Flügelverhältnis 1,67 nicht immer auszukommen ist, wenn der günstigste manometrische Wirkungsgrad angestrebt wird und dies ist doch Zweck einer guten Konstruktion. Vom Durchmesser der Saugöffnung ausgehend, soll der äußere Flügeldurchmesser bei Niederdruckgebläsen das 1,3 bis 1,4 fache, bei Mitteldruck das 1,6 bis 1,7 fache und bei Hochdruck darüber bis zum 2 fachen betragen, in Sonderfällen sogar noch mehr.

Soll ein neues Schleudergebläse berechnet und konstruiert werden, so müssen die zu fördernden Luft- oder Gasmengen, deren spezifisches Gewicht und Temperatur, der Barometerstand, sowie der zu erzeugende statische Über- oder Unterdruck (wo nötig, beide) gegeben sein. Zunächst ist dann die aequivalente Weite zu bestimmen, worauf in einem besonderen Abschnitt ausführlich eingegangen werden soll. Hierauf ist die so überaus wichtige wirtschaftliche Einströmungsgeschwindigkeit zu ermitteln, von welcher der innere Schaufelwinkel abhängt, der von einschneidender Bedeutung für den manometrischen Nutzungsgrad des Gebläses ist. Die Eintrittsgeschwindigkeit wurde vom Altmeister v. Hauer mit sekundlich 6 bis 10 m, im Mittel zu 7 bis 8 m angegeben. Trotzdem

damals nicht entfernt mit den heute erreichbaren hohen Pressungen
gearbeitet wurde, zeigte sich, daß die Konstrukteure mit dieser »mittleren
Eintrittsgeschwindigkeit« wenig anfangen konnten.

Prüft man die bekannte von Murgue aufgestellte und heute noch
in Anwendung stehende Äquivalenzformel, so ist leicht zu erkennen,
daß die Luftgeschwindigkeit in engster Beziehung zur Pressung steht.
Es ist ein Verdienst Pelzers, dies schon vor vielen Jahren erkannt zu
haben; er stellte eine Liste der Einströmungsgeschwindigkeiten nach
der Gleichung

$$ve^{2,597} = 1,94\,h$$

auf, die folgende Resultate ergab:

h mm WS	10	20	30	40	50	60	70	80	90	100
ve m/sek	3,2	4,0	4,8	5,3	5,8	6,2	6,6	6,9	7,3	7,6
h mm WS	120	140	160	180	200	250	300	350
ve m/sek	8,1	8,6	9,1	9,6	10,3	10,8	11,6	12,3

Diese Werte liegen weit unter den praktischen Erfordernissen,
wie später nachgewiesen werden soll. Zu dieser Erkenntnis gelangte
Pelzer im Laufe der Zeit selbst, denn er stellte eine neue Liste auf,
die in der »Hütte« veröffentlicht ist, deren Daten indes immer noch
nicht genügen. Im Abschnitt über Eintrittsgeschwindigkeiten soll näher
hierauf eingegangen werden.

Wie hinsichtlich der bereits erwähnten Konstruktionseinzelheiten
beinahe keine Gesetzmäßigkeit waltet, trifft dies bei Bestimmung der
Konstruktionsquadrate für die Gehäusespirale und den Zungenabständen
auch zu, sie schwanken oft innerhalb von Serienreihen erheblich.

Die wachsenden Anforderungen, welche die Industrie an Schleudergebläse stellt und stellen muß, können aber nur erfüllt werden, wenn
mit dergleichen Willkürlichkeiten gründlich aufgeräumt und der Erstellung von Ventilatoren diejenige Sorgfalt bei Berechnung und Anfertigung unter möglichst restloser Berücksichtigung langjähriger Fach-
erfahrungen gewidmet wird, die nun einmal unerläßlich ist.

Für jedes Schleudergebläse gibt es einen Betriebsfall, in welchem
es am wirtschaftlichsten arbeitet und diese Tatsache würde es recht-
fertigen, jeweils einen »abgestimmten« Ventilator für den gerade vorliegenden Fall zu bauen. Das geschieht aber leider nur selten und
zwar selbst für große Anlagen. Überwiegend wird für eine Neuanlage
von irgendeiner Fabrik ein marktgängiges Schleudergebläse aus der
Liste gewählt oder seitens des Fabrikanten vorgeschlagen, von welchem
man nach den Katalogangaben glaubt annehmen zu dürfen, daß es
den Erfordernissen gerecht zu werden vermag. Es kommt ja vor, daß
ein dergestalt beschaffter Ventilator sich wirklich als geeignet erweist;
viel häufiger wird das aber nicht sein. Es liegt auf der Hand, daß
Serienventilatoren mit übereinstimmenden Winkeln der Schaufelung

versehen werden und da jede Abweichung von der Eintrittsgeschwindigkeit, für welche der innere Schaufelwinkel berechnet wurde, mehr
oder weniger heftige Stöße und Wirbelungen hervorruft, wird mindestens
der manometrische Wirkungsgrad herabgemindert. Es wäre wohl des
Schweißes Edler wert, ein Ventilatorflügelrad zu erfinden, dessen innere
Schaufelwinkel, je nach Bedarf, innerhalb der praktisch nötigen Grenzen
verstellbar sind.

Da die Reihenfabrikation von Ventilatoren zunächst doch noch
das Normale bleiben wird, dürfte es gewiß für manche Leser von In-

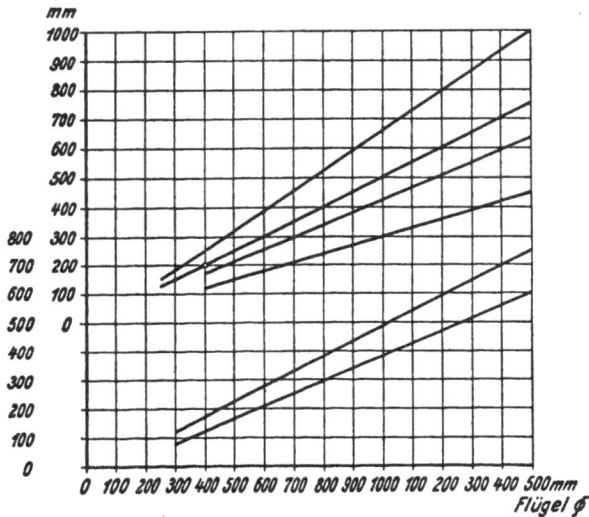

Abb. 2.

teresse sein, nebenstehende **Tabellen mit den Hauptabmessungen je einer Serie**
Niederdruck-, Mitteldruck- und Hochdruck-Ventilatoren
mit Blechgehäusen

geboten zu erhalten, die es verdienen, bei Fabrikationsaufnahme oder
Umstellung, Berücksichtigung zu finden.

Sämtliche Gebläse, Konstruktionen des Verfassers, wurden wiederholt ausgeführt und haben sich in jeder Hinsicht bestens bewährt.
Der Nachweis ihrer harmonischen Abstimmung dürfte zweckmäßig
durch folgende graphische Darstellung erbracht sein; ein Beweis, daß
es sehr wohl möglich ist, Reihenventilatoren hinsichtlich ihrer Abmessungen und Details in völlige Übereinstimmung zu bringen. Für zuver-
läßige Berechnung der Einzelheiten bieten die betreffenden Abschnitte
dieses Handbuches hinlängliche Anweisungen.

I. Hauptabmessungen neuer Ventilatoren-Reihen
mit Blechgehäusen.

Flügel φ. mm	Saugöffnung φ in mm	Ausblasöffnung	Gehäuse- breite	Haupt-, Hilfs-, Leit- Schaufeln		

Niederdruck-Ventilatoren.

250	150	125/190	125	5	—	—
325	200	160/265	160	5	—	—
400	250	200/335	200	6	—	—
500	320	250/445	250	8	—	—
575	370	285/530	285	9	—	—
650	425	325/610	325	10	—	—
725	475	360/700	360	6	6	—
800	525	400/765	400	6	6	—
925	610	460/900	460	7	7	—
1050	700	525/1045	525	8	8	—
1200	800	600/1200	600	9	9	—
1350	900	675/1350	675	10	10	—
1500	1000	750/1500	750	11	11	—

Innerer Schaufelwinkel 110 bis 150 Grad: äußerer 90 Grad.

Mitteldruck-Ventilatoren.

400	200	120/290	120	6	—	5
500	250	150/360	150	8	—	6
575	287	175/405	175	9	—	6
650	325	195/465	195	10	—	8
725	365	220/515	220	6	6	8
800	400	240/580	240	6	6	9
925	465	280/655	280	7	7	9
1050	525	315/760	315	8	8	10
1200	600	360/865	360	9	9	10
1350	675	404/980	405	10	10	11
1500	750	450/1075	450	11	11	11

Innerer Schaufelwinkel 110 bis 150 Grad; äußerer 90 Grad.
Leitschaufelwinkel 30 Grad.

Hochdruck-Ventilatoren.

300	2.120	80/80	80	5	—	—
350	2.145	105/105	105	5	—	—
400	2.170	125/125	125	6	—	—
450	2.200	145/145	145	7	—	—
500	2.225	170/170	170	8	—	—
600	2.275	210/210	210	9	—	—
700	2.330	255/255	255	5	5	—
800	2.380	300/300	300	6	6	—
1000	2.460	385/385	385	8	8	—
1250	2.620	490/490	490	9	9	—
1500	2.750	600/600	600	10	10	—

Innerer Schaufelwinkel 110 bis 150 Grad; äußerer 45 Grad.

Eigenschaften der Luft und Zustandsgleichungen der Gase.

Wenn schon Schleudergebläse auch zur Förderung von mannigfachen Materialien, wie Späne, Staub, Hadern, Getreide usw. dienen, so bildet doch immer Luft das Agens und deshalb ist es für den Ventilatorkonstrukteur unerläßlich, sich mit den Eigenschaften der Luft vertraut zu machen. Bevor dies nicht geschehen, vermag er die vielfältig dieserhalb an ihn herantretenden Fragen nicht zu beantworten und auch die schönsten Konstruktionsregeln helfen ihm nicht über die Klippe.

Auch Beherrschung der die Gase betreffenden Zustandsgleichungen ist zu fordern, nicht allein, weil Ventilatoren in ausgedehntem Maße zur Förderung der verschiedensten Gase Verwendung finden, sondern auch, weil Luft selbst ein Gas und zwar ein zweiatomiges und dessen Zustandsgesetzen restlos unterworfen ist.

Es liegt nun keineswegs im Wesen dieses Handbuches, eine erschöpfende Abhandlung über Zustandsgleichungen usw. zu geben; es soll nachstehend nur das unerläßlich Nötige geboten werden, damit der Studierende in Zweifelfällen nicht erst Sonderwerke zu suchen und darin nachzuschlagen braucht. Wer sich eingehend mit diesen Gesetzen und Thermodynamik befassen will, muß aus der reichlich vorhandenen Spezialliteratur wählen.

Als Bezugszeichen für diesen Abschnitt gelten:

γ	= spezifisches Gewicht, kg/cbm	t	= wirkliche Temperatur in ^{0}C
v	= spezifisches Volumen	G	= Gewicht in kg
at	= metrische Atmosphäre	V	= Volumen, cbm/sek
B	= Barometerstand in mm-Queck-	p	= Druck, kg/qm
	silbersäule	R	= Gaskonstante
S	= Dampfspannung in mm-Queck-	A	= mechanische Arbeit, m/kg
	silbersäule	c_p	= spezifische Wärme.
T	= absolute Temperatur $= -273^0$C		

Reine Luft ist ein Gasgemisch, in seinen Hauptbestandteilen bestehend aus Sauerstoff (O) und Stickstoff (N), und zwar in rund folgender Zusammensetzung:

1 cbm Luft enthält 210 l Sauerstoff und 790 l Stickstoff, oder
1 kg   Luft enthält 240 g Sauerstoff und 760 g Stickstoff.

Diese Angaben weichen zwar eine Winzigkeit von der Wirklichkeit ab, genügen indes den Erfordernissen, wie solche für Berechnung und Betrieb von Ventilatoren vorliegen, vollkommen; es hat keinen Zweck, eine Reihe von Dezimalstellen in die Rechnungen einzuführen.

Luft im Freien weist außer den genannten Hauptgasen noch minimale Mengen von Wasserdampf, Kohlensäure, Argon und Spuren fester Bestandteile, wie Staub auf.

Es ist wohl zu unterscheiden zwischen trockener und feuchter Luft. Es werde gleich an dieser Stelle darauf hingewiesen, daß es bislang im Ventilatorenbau üblich war, die Rechnungen auf trockene Luft von 0° bei 760 mm Barometerstand zu gründen; einige Firmen fußen auf 15°. Da in Wirklichkeit aber kaum je mit vollkommen trockener Luft gearbeitet wird, sondern mit mehr oder minder gesättigter, d. h. mit feuchter Luft, sollte man den Rechnungen auch solche zugrunde legen, und zwar für unsere Verhältnisse zweckmäßig mittelfeuchte Luft von 20° bei 760 mm Barometerstand, die ein spezifisches Gewicht von 1,2 kg/cbm aufweist.

Unter spezifischem Volumen der Luft oder der Gase im allgemeinen ist derjenige Raum in cbm zu verstehen, welchen 1 kg des Gases bei 0° C und 760 mm QS einnimmt.

Spezifisches Gewicht ist dasjenige 1 cbm Gases unter den gleichen Temperatur- und Druckverhältnissen, wie vorstehend. Das spezifische Gewicht ist der reziproke Wert des spezifischen Volumens

$$\gamma = \frac{1}{v} \quad \ldots \ldots \ldots \ldots \ldots \quad (1)$$

Diese beiden Gleichungen besitzen natürlich auch für andere Temperaturen und Barometerstände Gültigkeit. Handelt es sich z. B. um atmosphärische, trockene Luft von 1,293 kg/cbm, d. h. 0° bei 760 mm QS, dann ergibt sich ein spezifisches Volumen von

$$v = \frac{1}{1,293} = 0,773 \text{ cbm} \quad \ldots \ldots \ldots \quad (2)$$

und liegt ein spezifisches Volumen von 0,62 cbm vor, dann bedingt dasselbe ein spezifisches Gewicht von

$$\gamma = \frac{1}{0,62} = 1,613 \text{ kg/cbm} \quad \ldots \ldots \ldots \quad (3)$$

Der mittlere Druck der Luft im Freien auf den Meeresspiegel beträgt 1 Atmosphäre. Man rechnet nach alten und metrischen Atmosphären.

Die sog. alte Atmosphäre ist gleich dem Drucke einer Quecksilbersäule von 760 mm Höhe, was beim spez. Gewicht des Quecksilbers einer Wassersäule von 10333 mm entspricht. 1 mm WS ist mithin gleich 0,073551 mm QS.

Die metrische Atmosphäre (at geschrieben) stellt einen Druck von 1 kg/qcm dar und entspricht einer Quecksilbersäule von 735,51 mm oder 10000 mm Wassersäule.

Es ist mithin:

1 metrische Atmosphäre (at) = 0,967777 alte Atm. und
1 alte Atmosphäre = 1,033296 metrische Atm.

Der mittlere Barometerstand beträgt bei $0°$ C und

0	100	200	300	400	500 m	über Meeresspiegel
760,0	750,6	741,2	732,0	722,9	713,9 mm QS.	

Bei $0°$ Temperatur und n. 100 m Höhe über Meeresspiegel ist der mittlere Barometerstand etwa:

$$760 \cdot 0{,}987567^n \text{ mm QS,}$$

worin

$$\log 760 = 2{,}8808136 \text{ und } \log 0{,}987567 = 0{,}9945666 - 1.$$

Luft sowie Gase erfahren bei Steigerung ihrer Temperatur nach dem Regnaultschen Gesetz eine Ausdehnung; ihr Volumen vergrößert sich, und zwar für je

$$1° \text{ C um } a = 0{,}0036706 = \text{ca. } 1/273 \quad \cdots \cdots \quad (4)$$

des Volumens.

Die Berechnungen der Ventilatoren gründen sich fast stets, soweit Katalogangaben oder generelle Anschläge in Betracht kommen, auf trockene Luft, was indes nicht richtig ist, weil es sich fast ausnahmslos um Förderung mehr oder minder feuchter Luft handelt. Diese ist leichter als trockene Luft. Zur Bestimmung des Gewichtes feuchter Luft pro cbm von $t°$ C bedient man sich vorteilhaft nachstehender Gleichung

$$\gamma = 1{,}293 \cdot \frac{B - 3/8\,S}{(1 + a \cdot t)\,760} \text{ kg} \quad \cdots \cdots \cdots \quad (5)$$

worin $B =$ mm Barometerstand, $S =$ die Dampfspannung für mit Wasserdampf gesättigter Luft in mm QS bedeuten.

Beispiel: Was wiegt 1 cbm gesättigter Luft von $15°$ bei 750 mm Barometerstand?

$$= 1{,}293 \cdot \frac{750 - 3/8 \cdot 12{,}7}{(1 + 0{,}003671 \cdot 15) \cdot 760} = 1{,}201 \text{ kg/cbm.}$$

Handelt es sich um Luft, die nicht völlig mit Feuchtigkeit gesättigt ist, so ist die Dampfspannung dem Sättigungsgrad verhältnisgleich zu setzen. Für den vorstehenden Fall würde bei 50 vH Sättigung also nur die Hälfte der Dampfspannung des Völligkeitsgrades, hier sonach 6,35, einzusetzen sein.

Zur Gewichtsbestimmung feuchter Luft wird die nachfolgende kleine Tabelle des Maximalgehaltes des Wasserdampfes willkommen sein.

II. Maximalspannung des Wasserdampfes in mm QS
für Lufttemperaturen von −25 bis +100° C.

$t =$	−25	−24	−23	−22	−21	−20	−19	−18	−17
$S =$	0,540	0,605	0,670	0,745	0,825	0,910	1,000	1,095	1,190
$t =$	−16	−15	−14	−13	−12	−11	−10	−9	−8
$S =$	1,290	1,400	1,520	1,635	1,780	1,930	2,093	2,267	2,455
$t =$	−7	−6	−5	−4	−3	−2	−1	0	+1
$S =$	2,658	2,876	3,113	3,368	3,644	3,941	4,263	4,600	4,940
$t =$	+2	+3	+4	+5	+6	+7	+8	+9	+10
$S =$	5,302	5,687	6,097	6,534	6,998	7,492	8,017	8,574	9,165
$t =$	+11	+12	+13	+14	+15	+16	+17	+18	+19
$S =$	9,792	10,457	11,162	11,908	12,699	13,536	14,421	15,357	16,346
$t =$	+20	+21	+22	+23	+24	+25	+26	+27	+28
$S =$	17,391	18,495	19,659	20,888	22,184	23,550	24,988	26,505	28,101
$t =$	+29	+30	+31	+32	+33	+34	+35	+36	+37
$S =$	29,782	31,548	33,406	35,359	37,411	39,565	41,827	44,201	46,691
$t =$	+38	+39	+40	+41	+42	+43	+44	+45	+46
$S =$	49,302	52,039	54,906	57,910	61,055	64,346	67,790	71,391	75,158
$t =$	+47	+48	+49	+50	+55	+60	+65	+70	+75
$S =$	79,093	83,204	87,499	91,982	117,478	148,791	186,945	233,093	288,517
$t =$	+80	+85	+90	+95	+100				
$S =$	354,643	433,041	525,450	633,780	760,000				

Bemerkt sei noch, daß der Gebrauch der Fischerschen Annäherungsgleichung zur Bestimmung des spezifischen Gewichtes mittelfeuchter Luft

$$\gamma_1 = 1,3 - 0,004 \cdot t \ldots \ldots \ldots \ldots (6)$$

nicht anzuraten ist, weil die Resultate zu weit von der Wirklichkeit abweichen.

Man spricht von absoluter und relativer Feuchtigkeit. Erstere gibt das tatsächliche Gewicht G des in 1 cbm Luft enthaltenen Wasserdampfes an, letztere bezeichnet das Verhältnis des tatsächlichen zum höchsten Wasserdampfgehalt bei gleicher Temperatur.

Das Gesetz von Gay-Lussac. Das spezifische Gewicht γ eines Gases ist bei unverändertem Druck p umgekehrt proportional der absoluten Temperatur T und gleichfalls umgekehrt proportional dem Rauminhalte V. Damit ist auch gesagt, daß Rauminhalt V und absolute Temperatur T einander direkt proportional sind. Mithin:

$$\frac{T_1}{T} = \frac{v_1}{v} = \frac{V_1}{V} = \frac{\gamma}{\gamma_1} \ldots \ldots \ldots \ldots (7)$$

und daraus bilden sich:

$$\gamma = \gamma_1 \cdot \frac{T_1}{T} \quad \text{und} \quad \gamma_1 = \gamma \cdot \frac{T}{T_1}.$$

Beispiel:

Trockene Luft von 760 mm QS und 0° C hat, wie bereits bekannt, ein spezifisches Gewicht = 1,293 kg/cbm. Welches spezifische Gewicht weist trockene Luft bei 42° und unverändertem Druck auf?

$$\gamma_1 = \gamma \cdot \frac{T}{T_1} = 1{,}293 \cdot \frac{273 + 0}{273 + 42} = 1{,}121 \text{ kg/cbm.}$$

Das Gesetz von Mariotte. Das spezifische Gewicht γ eines Gases bei unveränderter Temperatur T ist direkt proportional dem absoluten Drucke p und umgekehrt proportional dem Volumen V. Druck p und Rauminhalt V sind demnach umgekehrt proportional. Hieraus ergibt sich:

$$\frac{\gamma}{\gamma_1} = \frac{p}{p_1} = \frac{v_1}{v} = \frac{V_1}{V} \quad \text{und weiter:} \quad \gamma_1 = \gamma \cdot \frac{p_1}{p} \quad \dots \quad (8)$$

Beispiel:

Mittelfeuchte Luft von 15° C Temperatur bei einem Barometerstand von 750 mm QS hat ein spezifisches Gewicht von = 1,2.

Wie groß ist dasselbe bei gleichbleibender Temperatur aber einem Barometerstand von 715 mm QS?

$$\gamma_1 = \gamma \cdot \frac{p_1}{p} = 1{,}2 \cdot \frac{715}{750} = 1{,}144 \text{ kg/cbm.}$$

Die Gaskonstante R. Sofern eine gewisse Gasmenge unter konstantem Druck erwärmt wird, verrichtet das Gas mittels seiner Ausdehnung eine gewisse mechanische Arbeit A. Das anfängliche spezifische Volumen v wird hierbei auf v_1 gebracht.

Die Gaskonstante R ist von den Maß- bzw. Gewichtseinheiten abhängig. Sofern der Druck in kg/qm und das spezifische Volumen in cbm/kg eingesetzt werden, stellt sich die Gaskonstante auf die Werte der nachstehenden Tabelle, welche für fast alle beim Ventilatorbetrieb vorkommenden Gase, deren Konstanten R und die spezifischen Gewichte γ bezogen auf Luft = 1 enthält.

III. Gas-Tabelle.

Name	Konst. R	c p, bezogen auf 1 kg	Spez. Gewicht, bezogen auf Luft 0°
Wasserstoff	422,6	3,43	0,069
Sauerstoff	26,5	0,217	1,105
Stickstoff	30,22	0,245	0,800
Kohlenoxyd	30,29	0,245	0,967
Stickoxyd	28,24	0,230	1,038
Chlorwasserstoff	23,27	0,190	1,261
Luft, rein und trocken	29,27	0,238	1,000

Name	Konst. R	cp, bezogen auf 1 kg	Spez. Gewicht, bezogen auf Luft 0°
Mittelfeuchte Luft	29,38	0,234	0,997
Wasserdampf	47,11	0,480	0,623
Kohlensäure	19,28	0,200	1,529
Schweflige Säure	13,24	0,150	2,250
Ammoniak	49,76	0,320	0,592
Azetylen	32,61	0,346	0,974
Grubengase	52,93	0,593	0,556
Alkohol	18,42	0,453	1,601
Leuchtgas i. Mittel	65,65		0,445

Das anfängliche spezifische Volumen v wird durch Erwärmung auf v_1 gebracht:

$$p \cdot v = R \cdot T \dots \dots \dots \dots \dots \quad (9)$$

dann ist die mechanische Arbeit

$$A = p \cdot (v_1 - v) = R \cdot (T_1 - T) \dots \dots \dots \quad (10)$$

Daraus folgt, daß wenn die Differenz zwischen T_1 und T gleich 1 ist, $A = R$ sein muß.

Die Gaskonstante R bezeichnet mithin die absolute Ausdehnungsarbeit in m/kg, welche 1 kg des in Frage kommenden Gases bei seiner Erwärmung um $1°$ C unter konstantem Druck leistet.

Ist die Konstante R eines Gases bekannt, so vermag man aus dem spezifischen Gewicht desselben und eines anderen Gases die Gaskonstante des letzteren zu bestimmen, denn

$$\frac{\gamma_1}{\gamma} = \frac{R}{R_1} \dots \dots \dots \dots \dots \dots \quad (11)$$

Auf die spezifische Wärme der Gase bei konstantem Volumen und konstantem Druck soll hier nicht näher eingegangen werden, weil für Ventilatorberechnungen nahezu ganz entbehrlich. Leser, welche Interesse dafür haben, finden in der reichen Literatur erschöpfende Aufschlüsse.

Gleiches trifft für Zustandsänderungen (Isobare, Isotherme, Adiabate und Polytrope) im Hinblick auf die bei Ventilatoren so überaus geringe Erwärmung und Verdichtung der Luft und Gase zu, so daß die hierbei auftretenden Zustandsänderungen praktisch vernachlässigt werden können.

Zu berücksichtigen sind diese Zustandsänderungen allerdings, wenn es sich um gekuppelte und Turboventilatoren handelt, die Pressungen von über 1000 mm WS erzeugen. Die Behandlung derartiger Schleudergebläse liegt indes außerhalb des Rahmens dieses Handbuches.

Gasmischungen gelangen beim Ventilatorbetrieb häufig zur Förderung, und da die einzelnen Gase hinsichtlich ihrer Temperaturen mitunter sehr weit voneinander abweichen, wie dies z. B. bei Rauchgasabsaugungen aus Schmieden der Fall ist, wo sich die heißen Verbrennungsgase mit der Werkstattluft mischen, so erscheint es als wichtig, die auftretenden Mischungstemperaturen, die sich nicht immer messen lassen, rechnerisch festzulegen.

Bezeichnen: G und G_1 und G_2 die Gewichte der sich mischenden Gase in kg, t, t_1, t_2 deren Temperaturen in ^{0}C, c_p, c_{p1}, c_{p2} deren spezifische Wärmen gemäß Tabelle, so ergibt sich eine Mischungstemperatur von

$$t\,m = \frac{c\,p \cdot G \cdot t + c\,p_1 \cdot G_1 \cdot t_1 + c\,p_2 \cdot G_2 \cdot t_2}{c\,p \cdot G + c\,p_1 \cdot G_1 + c\,p_2 \cdot G_2} \quad \ldots \ldots \quad (12)$$

Beispiel:

Welche Temperatur hat eine Mischung, bestehend aus 100 kg Luft von 20^0 und $c_p = 0{,}228$ und 30 kg Kohlensäure (CO_2) von 500^0 mit $c_p = 0{,}2$?

$$t\,m = \frac{0{,}228 \cdot 100 \cdot 20 + 0{,}2 \cdot 30 \cdot 500}{0{,}228 \cdot 100 + 0{,}2 \cdot 30} = \text{rund } 117^0 \text{ C.}$$

Druckhöhen und deren Messung.

Bezugszeichen.

C = Fliehkraft, kg
M = Masse, kg
ω = Winkelgeschwindigkeit, m/sek
$\left.\begin{array}{c} R \\ r \end{array}\right\}$ = Radien, m
n = minutliche Umdrehungen
u = Umlaufgeschwindigkeit, m/sek
g = 9,81 Beschleunigung durch die Schwerkraft
A = Arbeit, m/kg
G = Gewicht, kg
w = Relativgeschwindigkeit, m/sek

γ = spezifisches Gewicht, kg/cbm
h = Gesamtdruck, mm WS
h_g = Geschwindigkeitshöhe, mm WS
h_{st} = statische Pressung, mm WS
V = Volumen, cbm/sek
F = Querschnitt, qm
c = absolute Geschwindigkeit, m/sek
η = manometrischer Wirkungsgrad in vH
τ = Zähigkeitsmodul
λ = Reibungskoeffizient

Dreht sich ein materieller Körper vom Gewichte G mit gleichbleibender Winkelgeschwindigkeit ω im Kreise, dessen Halbmesser gleich r ist, um eine feste Achse, so wird die Trägheit seiner Masse M eine Kraft C hervorrufen, die allgemein als Flieh- oder Zentrifugalkraft bezeichnet wird. Es ist:

$$C = M \cdot \omega^2 \cdot r \quad \ldots \ldots \ldots \ldots \quad (13)$$

Die Winkelgeschwindigkeit bestimmt sich aus

$$\omega = \frac{2 \cdot \pi \cdot n}{60} = \frac{\pi \cdot n}{30} \quad \ldots \ldots \ldots \quad (14)$$

und dann ist $\omega \cdot r = u$ oder gleich der Umfangsgeschwindigkeit des Körpers in m/sek. Werden die beiden linksseitigen Faktoren quadriert, dann ergibt sich u^2, so daß man auch

$$C = M \cdot \frac{u^2}{r} \quad \ldots \ldots \ldots \ldots \ldots (15)$$

schreiben kann. Da bekanntlich $M = \dfrac{G}{g}$, kann man die für die Fliehkraft gültige Gleichung auch, wie folgt, schreiben

$$C = \frac{G}{g} \cdot \frac{u^2}{r} \text{ in kg} \quad \ldots \ldots \ldots \ldots (16)$$

Die Fliehkraft wächst bei gleichbleibender Winkelgeschwindigkeit mit zunehmendem r des Körpers von der Drehachse. Setzt man in einem solchen Falle den Wert $\dfrac{G}{g} \cdot \omega^2$ als Konstante gleich y, dann ergibt sich die Fliehkraft für einen anderen Halbmesser zu

$$C_1 = y \cdot r_1 \quad \ldots \ldots \text{(16a)}$$

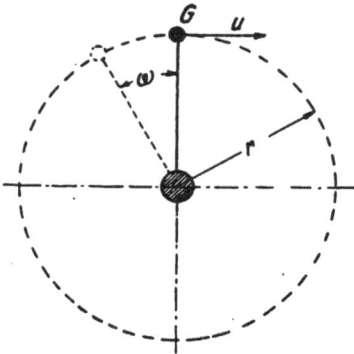

Abb. 3.

Vermag sich der Körper in radialer Richtung frei zu bewegen, so wird er sich unter dem Einflusse der Fliehkraft immer weiter und weiter von der Umdrehungsachse O entfernen, wobei die Fliehkraft eine Arbeit verrichtet, gleich

$$A = \frac{C_1}{2} \cdot r_1 \text{ oder gleich } G \cdot \frac{u^2}{2 \cdot g} \text{ in m/kg}$$

$$\ldots \ldots (17)$$

Befindet sich ein Körper gemäß Abb. 4 im Abstande r vom Drehmittelpunkte O mit der Umlaufgeschwindigkeit u in Bewegung und wird durch die Fliehkraft nach Abstand r_1 gebracht, wo sich seine Umlaufgeschwindigkeit zu u_1 gestaltet, so bedurfte es eines Kraftaufwandes von

$$A = \frac{C_1 \cdot r_1 - C \cdot r}{2} = G \cdot \frac{u_1^2 - u^2}{2 \cdot g} \text{ in m/kg}$$

$$\ldots \ldots (17a)$$

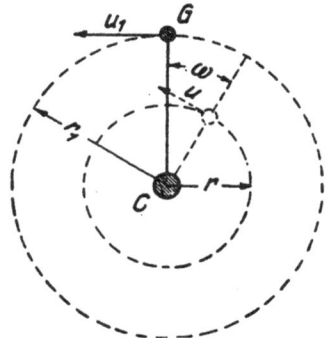

Abb. 4.

Dieser Arbeitsbetrag ist als Energiezuwachs auf den Körper übergegangen, den er unter gewissen Umständen und Bedingungen wieder abzugeben vermag.

Es ist ohne weiteres ersichtlich, daß dies Gesetz restlos auf die Arbeitsweise der Schleudergebläse Anwendung finden kann.

Zunächst gleichgültig, ob ein Flügelrad von einem Gehäuse umgeben ist oder nicht. Sobald das Rad in Umdrehung versetzt wird, beginnt die Fliehkraft auf die sich in den Schaufelkanälen befindliche Luft einzuwirken und führt diese immer weiter von der Radachse weg gegen den äußeren Umfang des Rades zu ins Freie. Hierbei entsteht in den Schaufelkanälen nach dem Radinneren zu eine Depression, eine Luftverdünnung, die aber sofort durch nachströmende Luft ausgeglichen wird. Ist das Flügelrad von einem Gehäuse umgeben, so schließt die Ausblaseöffnung desselben meist an eine Rohr- oder sonstige Kanalleitung an, durch welche die ausgeblasene Luft zu fördern ist. Oder der Exhaustor saugt vermittelst einer solchen Leitung Luft oder Gase aus einem Behälter, Raum oder dergleichen und drückt dann ins Freie oder einen anderen Behälter.

Immer sind hierbei Widerstände zu überwinden.

Während der Umdrehungen des Flügelrades weist das durchströmende Gas zweierlei Geschwindigkeiten auf; einmal die sog. Relativgeschwindigkeit und sodann die Umfangsgeschwindigkeit. Unter ersterer, als w bezeichnet, ist jene zu verstehen, mit welcher das Gas in m/sek die Schaufelkanäle durchströmt und unter letzterer, mit u bezeichnet, diejenige, welche in der Richtung der Radumdrehung erfolgt. Wenn nun aber zwei Geschwindigkeiten auftreten, die sich in ihren Richtungen nicht decken, wie es hier der Fall, so muß sich eine Resultierende ergeben, die als absolute oder wirkliche Geschwindigkeit angesprochen und mit c bezeichnet wird.

Die Relativgeschwindigkeit w wird beim Durchströmen des Flügelrades, gleiche Kanalquerschnitte vorausgesetzt, unveränderlich sein, was für die Umfangsgeschwindigkeit u nicht zutrifft, auch nicht bei unveränderlicher Winkelgeschwindigkeit ω, wie unzweifelhaft aus den die Fliehkraft betreffenden Darlegungen hervorgeht. Je mehr sich die Gaseteile dem äußeren Raddurchmesser nähern, um so mehr muß ihre Geschwindigkeit zunehmen. Dies bedingt, daß auch die absolute Geschwindigkeit sich ständig ändert. Erschöpfende Aufschlüsse hierüber finden sich in den Sonderabschnitten über Schaufelwinkel.

Das ausströmende Gas erzeugt in der Nähe des äußeren Radumfanges eine Saugspannung, die, als Druckhöhe gemessen, der Geschwindigkeitshöhe gleichkommt. In den meisten Fällen ist die Relativgeschwindigkeit w geringer als die Umfangsgeschwindigkeit u und sonach stellt sich

$$\frac{w^2}{2\,g} \text{ niedriger als } \frac{u^2}{2\,g}.$$

Der absoluten Austrittsgeschwindigkeit c entspricht eine Geschwindigkeitshöhe h_c, die sich ganz in statische Druckhöhe umwandeln ließe, gelänge es, die Geschwindigkeit auf Null herabzuführen.

Sofern nichts anderes gesagt wird, gelten Druckhöhenangaben bei Schleudergebläsen stets als Gesamtdruck. Dieser setzt sich zusammen:

1. aus der Geschwindigkeitshöhe oder dem dynamischen Druck, der zur Erteilung der erforderlichen Gasgeschwindigkeit an sich nötig ist und

2. dem statischen Druck, dem die Überwindung der Leitungswiderstände der Anlage obliegt.

Man schreibt:

h_g für dynamischen Druck oder Geschwindigkeitshöhe,
h_{st} » statischen Druck und
h » Gesamtdruck.

Es ist also:

$$h = h_g + h_{st}, \text{ und zwar in mm WS} \dots \dots \dots (18)$$

während

$$H = H_g + H_{st} \text{ für m Luft- bzw. Gassäule gelten.}$$

Zur Ermittlung der Geschwindigkeitshöhen sind erforderlich:

$V =$ zu fördernde Gasmenge in cbm/sek,
$F =$ Querschnitt der Leitung in qm,
$c =$ Gasgeschwindigkeit in m/sek,

und ergeben sich dann:

$$c = \frac{V}{F} \text{ und } F = \frac{V}{c} \text{ und } V = F \cdot c \dots \dots (19)$$

Zur Bestimmung der Geschwindigkeitshöhe ist dann noch die Hinzuziehung des spezifischen Gewichtes γ des Gases nötig, so daß

$$h_g = \frac{c^2}{2\,g} \cdot \gamma \text{ in mm WS} \dots \dots \dots (20)$$

gilt.

Nachstehend ist eine Tabelle geboten, welche die Geschwindigkeitshöhen von 1 bis 100 m/sek für ein spezifisches Gewicht der Luft von 1,2 kg/cbm (20° trockene Luft bei 760 mm QS oder 15° mittelfeuchter Luft bei 750 mm QS) aufweist.

Es muß allerdings darauf hingewiesen werden, daß streng genommen die Werte nur bis zu 60 m/sek Gültigkeit haben; darüber hinaus machen sich Differenzen geltend, die jedoch für Schleudergebläse von keinem merkbaren Einfluß sind.

Die Führung der Tabelle bis zu einer sekundlichen Geschwindigkeit von 100 m — die für einstufige Schleudergebläse kaum vorkommen — hat den Zweck, sie gleichzeitig zur Bestimmung

theoretischer Gesamtpressungen

verwenden zu können. Da sich für diese die Formel:

$$h = \frac{u^2 \cdot \gamma}{g} \quad \ldots \ldots \ldots \ldots \ldots \quad (21)$$

ergibt, und es rechnerisch gleichgültig ist, ob der Faktor im Zähler c oder u ist, sofern er nur den gleichen Wert aufweist, und berücksichtigt, daß der Nenner genau die Hälfte desjenigen in der Gleichung für Geschwindigkeitshöhe beträgt, so liegt klar, daß die Tabellenwerte für h_g die Hälfte derjenigen für theoretische Gesamtpressungen mit der Geschwindigkeit $u = c$ darstellen.

Z. B. $c = u = 20$ m/sek $= 24,4$ mm WS für h_g und
$= 48,8$ mm WS für h.

Liegt ein anderes spezifisches Gasgewicht vor, so ist die Tabelle auch verwendbar, sofern man deren Werte mit $\gamma_1 : \gamma$ multipliziert (siehe Tabelle Seite 22—23).

Dieser theoretische Druckhöhenwert läßt sich aber praktisch nie bei einem Schleudergebläse erreichen. Während ihres Strömens innerhalb des Flügelrades stoßen die Gasmengen auf mancherlei Widerstände, wie Reibung in den Schaufelkanälen, Ablenkungen, Wirbelungen usw., deren Überwindung einen Teil der Druckhöhe absorbiert. Hinzu kommen noch kleine Ausführungsfehler oder gar Konstruktionsmängel. Jedenfalls ist erwiesen, daß auf dem Prüfstande Ventilatoren genau gleicher Größe und Bauart, einer Serie entnommen, fast nie denselben manometrischen Wirkungsgrad aufweisen. Je nach Umlaufzahl, Gasgeschwindigkeit wird ein Schleudergebläse verschiedene Nutzeffekte bieten.

Um durch Messung an einem Ventilator nachweisen zu können, wie hoch sich der Druckverlust beziffert, d. h. wie hoch sich der manometrische Wirkungsgrad stellt, hat man folgendermaßen vorzugehen.

Ein in eine Leitung bereits eingebauter oder für Versuchszwecke mit einer solchen versehener Ventilator wird mit einer Umlaufgeschwinddigkeit u in Betrieb gesetzt. Schließt man nun z. B. die Saugleitung mittels eines Schiebers o. dgl. dicht am Gebläse ab, so wird sich an der Saugöffnung ein Unterdruck einstellen, der nicht mit dem theoretischen übereinstimmt; es wird sich zeigen, daß der tatsächliche Unterdruck h_1 gleich ist

$$h_1 = \eta \cdot h \text{ bzw. } \eta \cdot \frac{u^2}{g} \cdot$$

$$\eta = \frac{h_1}{h} \quad \ldots \ldots \ldots \ldots \ldots \quad (22)$$

bezeichnet den wahren manometrischen Wirkungsgrad des Gebläses.

Wird nun bei unveränderter Drehzahl des Flügelrades der Schieber entfernt, die Saugleitung also freigegeben, so wird die als anfänglicher Unterdruck h_1 festgestellte Differenz gegenüber der theoretischen Druckhöhe noch etwas wachsen, und zwar infolge der Reibung, welche die strömenden Gasmengen erfahren. Die so erlangte Druckhöhe ist die wirkliche und soll hier mit h_e bezeichnet werden.

Was in bezug auf die Depression (Unterdruck) gesagt wurde, gilt natürlich auch für den Überdruck, nur daß hier die Ausblaseöffnung des Ventilators geschlossen werden muß.

Bei der Wichtigkeit der absoluten Geschwindigkeit c als Resultante der Relativgeschwindigkeit w und der Umfangsgeschwindigkeit u erscheint es angebracht, schon hier deren Beziehungen an Hand einer Skizze zu erläutern. Vorweg sei gesagt, daß die absolute Eintrittsgeschwindigkeit stets eine radiale sein soll, während die absolute Austrittsgeschwindigkeit eine tangentiale ist.

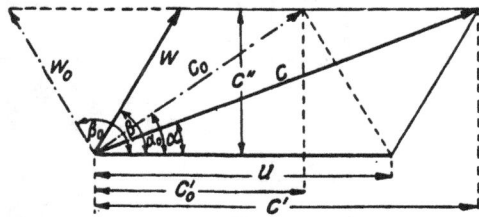

Abb. 5.

Es gelten:

$$w^2 = u^2 + c^2 - u \cdot c \cdot \cos \alpha$$
$$c^2 = u^2 + w^2 + 2 \cdot u \cdot w \cdot \cos \beta$$
$$c' = c \cdot \cos \alpha$$

und

$$c' = u - c'' \cdot \cotg (180 - \beta)$$

und

$$= u + c'' \cdot \cotg \beta$$

und

$$= u - w \cdot \cos (180 - \beta)$$

und

$$= u + w \cdot \cos \beta$$

. . . . (23)

Alle Berechnungsformeln für Druckerzeugung setzen stoßfreien, also radialen Gaseintritt in das Flügelrad voraus; insofern dieser Bedingung nicht entsprochen wird, mindert sich der manometrische Wirkungsgrad. Rechnerisch läßt sich dieser Verlust nicht erfassen, sondern nur durch Messungen.

Aus der Höhe des manometrischen Nutzungswertes läßt sich auf die Güte des Schleudergebläses schließen, allerdings zuverlässig nur, wenn es sich um den Normalbetriebsfall handelt. Durch nennenswerte Änderungen der Touren und Fördermengen wird der Wirkungsgrad mindernd beeinflußt. Es ist ein alter Erfahrungssatz, daß jedes Schleudergebläse nur einen Betriebsfall hat, während dessen es am wirtschaftlichsten arbeitet. Auch ist zu beachten, daß kleine

IV. Geschwindigkeitshöhen (dynamische Pressung) in mm WS

nach der Gleichung: $h_g = \dfrac{c^2 \cdot \gamma}{2 \cdot g}$ für $\gamma = 1,2$ kg/cbm

c in m/sek	0	1	2	3	4	5	6	7	8	9
1	0,061	0,074	0,084	0,103	0,120	0,138	0,157	0,177	0,198	0,220
2	0,240	0,269	0,294	0,324	0,353	0,383	0,414	0,446	0,480	0,515
3	0,551	0,588	0,626	0,666	0,708	0,750	0,793	0,838	0,884	0,931
4	0,970	1,029	1,079	1,131	1,185	1,240	1,295	1,350	1,410	1,470
5	1,530	1,592	1,655	1,718	1,785	1,850	1,920	1,987	2,059	2,130
6	2,204	2,268	2,351	2,429	2,507	2,586	2,665	2,746	2,830	2,914
7	2,999	3,085	3,172	3,260	3,350	3,440	3,532	3,628	3,723	3,820
8	3,916	4,016	4,114	4,216	4,316	4,420	4,525	4,630	4,740	4,850
9	4,955	5,068	5,180	5,292	5,402	5,522	5,639	5,760	5,880	5,998
10	6,120	6,240	6,370	6,490	6,620	6,740	6,870	7,000	7,140	7,270
11	7,40	7,54	7,67	7,82	7,94	8,09	8,24	8,38	8,52	8,66
12	8,81	8,96	9,10	9,26	9,41	9,56	9,72	9,87	10,00	10,18
13	10,34	10,50	10,66	10,82	11,00	11,15	11,31	11,48	11,65	11,82
14	12,00	12,17	12,34	12,51	12,69	12,87	13,05	13,23	13,41	13,58
15	13,77	13,90	14,14	14,33	14,52	14,70	14,90	15,08	15,27	15,46
16	15,67	15,87	16,07	16,26	16,45	16,66	16,86	17,06	17,28	17,47
17	17,69	17,90	18,11	18,32	18,52	18,75	18,95	19,17	19,38	19,60
18	19,83	20,03	20,29	20,50	20,71	20,93	21,18	21,40	21,62	21,86
19	22,09	22,31	22,56	22,80	23,03	23,27	23,51	23,76	24,00	24,24
20	24,48	24,72	24,98	25,22	25,48	25,72	25,98	26,22	26,48	26,72
21	26,99	27,26	27,50	27,76	28,03	28,30	28,55	28,80	29,09	29,36
22	29,62	29,90	30,16	30,43	30,70	31,00	31,25	31,52	31,80	32,10

c in m/sek	0	1	2	3	4	5	6	7	8	9
23	32,38	32,64	32,94	33,22	33,50	33,80	34,10	34,36	34,68	34,94
24	35,25	35,56	35,84	36,16	36,44	36,75	37,02	37,35	37,65	37,95
25	38,25	38,55	38,85	39,20	39,50	39,80	40,10	40,40	40,70	41,05
26	41,4	41,7	42,0	42,3	42,7	43,0	43,3	43,6	44,0	44,3
27	44,6	44,9	45,3	45,6	46,0	46,3	46,6	46,9	47,3	47,6
28	48,0	48,3	48,7	48,9	49,4	49,7	50,1	50,4	50,7	51,1
29	51,5	51,8	52,2	52,5	52,9	53,2	53,6	54,0	54,4	54,7
30	55,1	55,4	55,8	56,2	56,6	56,9	57,3	57,7	58,0	58,4
31	58,8	59,2	59,6	60,0	60,3	60,7	61,1	61,4	61,8	62,3
32	62,6	63,0	63,4	63,8	64,2	64,6	65,0	65,4	65,8	66,2
33	66,6	67,0	67,4	67,8	68,2	68,6	69,0	69,4	69,8	70,3
34	70,7	71,1	71,5	72,0	72,4	72,8	73,2	73,6	74,1	74,6
35	75,0	75,4	75,8	76,2	76,6	77,1	77,5	77,9	78,4	78,8
36	79,3	79,7	80,3	80,6	81,0	81,5	81,9	82,4	82,8	83,3
37	83,8	84,2	84,7	85,1	85,6	86,0	86,5	87,0	87,4	87,9
38	88,4	88,8	89,2	89,7	90,2	90,7	91,2	91,6	92,1	92,6
39	93,1	93,5	94,0	94,4	94,9	95,4	95,9	96,4	96,9	97,4
40	97,9	102,9	108,0	113,1	118,5	123,9	129,5	135,1	141,0	147,0
50	153,0	159,3	165,5	171,9	178,5	185,1	192,0	198,8	206,0	213,0
60	220,3	227,9	235,2	243,0	250,8	258,7	266,6	274,7	283,0	291,4
70	300,0	308,6	317,3	326,0	335,0	344,2	353,3	363,0	372,4	382,0
80	392,0	401,6	411,5	421,5	432,0	442,0	452,5	463,0	474,0	485,0
90	496,0	507,0	518,0	529,5	540,5	552,0	564,0	576,0	588,0	600,0
100	612,0	—	—	—	—	—	—	—	—	—

Schleudergebläse im allgemeinen ungünstiger arbeiten als große. Jedenfalls kann man beanspruchen, daß Ventilatoren nicht unter 50 vH manometrischen Nutzungswert aufweisen; größere Gebläse, sorgfältig konstruiert und ausgeführt, erreichen bis zu 85 vH, bezogen auf die theoretische Gesamtpressung.

Daß sich jede erzeugte Gesamtpressung aus dynamischer und statischer zusammensetzt, wurde bereits gesagt. Wie ermitteln sich nun h_g und h_{st} praktisch?

Ist die sekundliche Liefermenge in cbm gegeben und das spezifische Gewicht des Gases bekannt, so läßt sich leicht die Eintrittsgeschwindigkeit feststellen. Aus dieser errechnet sich die Geschwindigkeitshöhe. Für drückende Schleudergebläse ist natürlich die Ausblaseöffnung bzw. die in dieser herrschende Gasgeschwindigkeit zu berücksichtigen. Die sich ergebende dynamische Pressung ist von der Gesamtpressung abzuziehen; der verbleibende Rest stellt die statische Pressung dar.

Z. B. gegeben sind:

$V = 5$ cbm $\gamma = 1,4$ kg/cbm. Ausblaseöffnung $= 520$ mm Durchm. $= 0,2124$ qm Gesamtpressung $h = 200$ mm WS,

dann ist:

$$c = V : F = 5 : 0,2124 = 23,8 \text{ m/sek}$$

$$h_g = \frac{c^2 \cdot \gamma}{2 \cdot g} = \frac{565 \cdot 1,4}{19,62} = \sim 40 \text{ mm/WS}$$

und $h_{st} = h - h_g = 200 - 40 = \underline{160 \text{ mm WS.}}$

Die Gesamtpressung h in mm WS ermittelt sich aus der Formel

$$h = \frac{u^2 \cdot \gamma}{g}$$

für theoretische und

$$\frac{u^2 \cdot \gamma \cdot \eta}{g}$$

für tatsächliche Höhe in mm WS.

Es ist aber zu beachten, daß diese Formel lediglich für Schleudergebläse mit radialen Schaufeln Gültigkeit besitzt. Handelt es sich um gekrümmte Schaufeln, so ändert sich die Formel in

a) für nach vorwärts, also in der Umlaufrichtung des Rades gekrümmte:

$$h = \frac{u_2^2 + u_2 \cdot w_2 \cdot \cos \alpha}{g} \cdot \gamma$$

für theoretische Maximalpressung und

$$h = \frac{u_2^2 + u_2 \cdot w_2 \cdot \cos \alpha}{g} \cdot \gamma \cdot \eta \ldots \ldots \ldots (24)$$

als effektive Gesamtpressung in mm WS.

b) für nach rückwärts, also entgegen der Umlaufrichtung des Rades gekrümmte

$$h = \frac{u_2{}^2 - u_2 \cdot w_2 \cdot \cos \alpha}{g} \cdot \gamma$$

für theoretische Gesamtpressung und

$$h = \frac{u_2{}^2 - u_2 \cdot w_2 \cdot \cos \alpha}{g} \cdot \gamma \cdot \eta \quad \ldots \ldots \ldots \quad (24a)$$

als effektive Gesamtpressung.

Bisher war ausschließlich von saugenden oder drückenden Schleudergebläsen die Rede. Überaus häufig sind indes die Fälle, in denen ein Schleudergebläse saugende und drückende Arbeit zugleich verrichten muß. Dies tritt vornehmlich bei Materialtransporten ein, wie z. B. Späneabsaugungen. Hierbei sind nicht allein von den einzelnen verzweigt stehenden Maschinen die Hobel-, Dreh-, Fräs- und Sägespäne abzusaugen, sondern diese nach einen Abscheider (Zyklon) oder einen Lagerplatz zu fördern. Gleiche Förderung findet man auch für Getreide und vieles andere. Es setzt sich hierbei der Gesamtdruck aus zwei Druckarten zusammen; aus dem Unterdruck in der Saugleitung und dem Überdruck in der Druckleitung. Beide Arten setzen sich auch wieder aus den ihnen innewohnenden dynamischen und statischen Pressungen zusammen. Um den vom Schleudergebläse zu erzeugenden wirklichen Gesamtdruck anzugeben, müssen Gesamtunterdruck und Gesamtüberdruck addiert werden.

Was nun das Messen der Druckhöhen anbelangt, so gehört dasselbe eigentlich nicht in ein Handbuch für Konstrukteure. Immerhin erscheint es ratsam, die notwendigsten Aufschlüsse zu geben. Es gibt eine reichliche Anzahl Instrumente und Apparate mittels derer zuverlässige Druckmessungen an Ventilatoren ausgeführt werden können. Für solche Messungen gelangen zunächst Wassersäulenmanometer zur Anwendung und für Feinmessungen die sogen. Mikromanometer. Diese Wassersäulenmanometer bestehen aus einer entsprechend langen U-förmig gebogenen Glasröhre mit oder ohne Millimeterteilung. Fehlt eine solche, dann wird die Höhendifferenz der beiden Wassersäulenspiegel direkt gemessen. Nach dem Gesetze der kommunizierenden Röhren werden die beiden Wasserspiegel in gleichem Horizonte liegen. Verbindet man nun einen der Rohrschenkel mittels eines Schlauches mit der Druckleitung des Gebläses und setzt dieses in Betrieb, dann gerät das im Manometer befindliche Wasser unter Druck; der Spiegel im angeschlossenen Schenkel senkt sich, der gegenüberliegende steigt um dasselbe Maß. Gerade entgegengesetzt werden sich die beiden Wassersäulen verhalten, wenn der Anschluß an die Saugleitung der Anlage erfolgt.

Um richtige Messungsresultate zu gewinnen, muß die Feststellung der Drücke in den Leitungen an geeigneter Stelle und unter Zuhilfenahme eines geeigneten Instrumentes vor sich gehen. Als die gebräuchlichsten Instrumente sind die Pitotröhre (Staurohre nach Brabbée und Prandtl) und die Recknagelsche Stauscheibe zu bezeichnen; sie bedürfen keines festen Einbaues, wie verschiedene andere Meßinstrumente.

Eines dieser Instrumente wird dergestalt in die Rohrleitung eingeführt, daß sich sein rechtwinkelig abgebogener Meßschenkel möglichst genau inmitten des Rohrdurchmessers, also in der Rohrachse dem Gasstrom entgegen einstellt. Eine einfache Pitotröhre veranschaulicht das.

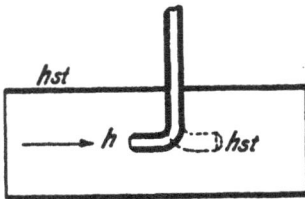

Abb. 6.

Die Einlaßöffnung einer solchen Pitotröhre muß, um Stauungen und Wirbelbildungen, die ein falsches Meßergebnis zeitigen würden, zu unterbinden, an der Kante sauber zugeschärft sein. In der beschriebenen Stellung wird die Röhre am Wassermanometer die Höhe des Gesamtdruckes anzeigen. Kehrt man sodann durch Drehung den Meßschenkel um 180° in Richtung des Gasstromes, so daß dieser, ohne in die Öffnung des Rohres eintreten zu können, am Schenkel entlang streicht, so fällt die Wassersäule sofort, allerdings nicht auf Null. Die verbleibende Säulenhöhe zeigt annähernd den statischen Druck. In Wirklichkeit wird der Gasstrom aber auf die Rohröffnung eine saugende Wirkung ausüben und deshalb ist eine solche Röhre für genaue Messungen nicht verwendbar.

Um nun mittels einer solchen Pitotröhre auch den statischen Druck ziemlich genau messen zu können, bohrt man in die Leitung ein kleines Loch und setzt, gut abdichtend, die Pitotröhre an. Der jetzt erfolgende Ausschlag des Manometers darf als statische Druckhöhe gelten. Nach den gegebenen Aufschlüssen ist ersichtlich, daß man von der ermittelten Gesamtpressung nur die statische Druckhöhe abzuziehen braucht, um im Rest die Geschwindigkeitshöhe bezw. dynamische Druckhöhe zu erhalten.

Die heute am meisten gebrauchten Staurohre von Brabbée oder Prandtl sind grundsätzlich auch Pitotröhren, erlauben indes die Messungen einfacher und weitaus zuverlässiger durchzuführen. Diese Stauröhren zeigen bei einer Stellung sowohl den Gesamtdruck, als auch den statischen an. Es ist darauf zu achten, daß die Einstellung dieser Instrumente mit großer Sorgfalt erfolgt, anders die Meßergebnisse keinen Anspruch auf Genauigkeit erheben können. Wer sich eingehend mit Druckmessungen und die hierfür geeigneten Instrumente befassen will, wird gut tun, sich die ausführlichen Drucksachen der in Frage kommenden Spezialfabriken kommen zu lassen; auch ist das Studium der »Regeln für Leistungsversuche von Ventilatoren und Kompressoren« V. D. I. angelegentlich zu empfehlen.

Es macht sich auch erforderlich — sei es nur zur Kontrolle — die Fördermengen der Gase an der fertigen Anlage zu ermitteln. Die vorgenannten Messungen geben hinsichtlich der Fördermengen zwar keine direkten Aufschlüsse, doch sind solche aus den Messungsresultaten zu errechnen. Aus der gemessenen Geschwindigkeitshöhe läßt sich leicht die Strömungsgeschwindigkeit des Gases festlegen, wenn man die gültige Gleichung umformt. Es ist:

$$c = \sqrt{\frac{h_g \cdot 2 \cdot g}{\gamma}} \quad \dots\dots\dots\dots \quad (25)$$

und braucht man den sich hieraus ergebenden Wert nur mit dem Querschnitt der Leitung in qm zu multiplizieren, um zu wissen, welche Gasmenge in cbm/sek passiert. Das Ergebnis kann aber leider keinen Anspruch auf Genauigkeit machen, weil bekanntlich zufolge der Reibungswiderstände an den Leitungswänden die Gasströmung innerhalb des Querschnittes nicht überall die gleiche ist. Man muß mindestens den für den Fall zu berücksichtigenden Reibungskoeffizienten kennen, mittels dessen eine Korrektur vorzunehmen ist.

Seit mehreren Jahren bedient man sich mitunter zur Messung der Durchflußmengen einer Methode der Rohrreibungsmessung, der Genauigkeit nachgerühmt wird. Ausführliches hierüber ist aus den Arbeiten Jakobs in der Physikalischen Reichsanstalt Berlin (Z. V. d. I. 1922) zu entnehmen. Es kommt hierbei vornehmlich auf die Festlegung eines zutreffenden Rohrreibungskoeffizienten λ an, der abhängig von der Geschwindigkeit c, dem Rohrdurchmesser D in cm und dem Zähigkeitsmodul τ des Gases ist. Weiter sind, wenn auch von geringerem Einfluß, die Temperaturen, während der in der Leitung herrschende absolute Druck sehr mitspricht.

Die aufgestellte Formel lautet:

$$\lambda = 0.3272 \cdot \left(\frac{\tau}{c \cdot D}\right)^{0,253} \quad \dots\dots\dots\dots \quad (26)$$

und für angenäherte Rechnung

$$\lambda = 0,3272 \sqrt[4]{\frac{\tau}{c \cdot D}}.$$

Sonst gelangen zur Messung von Fördermenge besonders die längst bekannten Anemometer zur Anwendung. Dieselben werden als Flügel- und Schalenkreuz-Anemometer hergestellt. Diese Meßinstrumente, die dem Gasstrom direkt ausgesetzt werden, lassen an Zuverlässigkeit zu wünschen übrig; jedenfalls bedürfen sie gelegentlicher Nacheichung. Die Flügelkreuz-Anemometer sind leicht Störungen und Beschädigungen ausgesetzt und erlauben zudem nur Geschwindigkeitsmessungen bis zu 20 m/sek, während die robusteren Schalenkreuz-Anemometer solche bis 50 m/sek zulassen. Näher unterrichtet man sich auch hierüber durch Beschreibungen und Drucksachen solcher Firmen, die Anemometer anfertigen.

Kurz erwähnt werde noch der Venturimesser, von Amerika eingeführt und in Deutschland zuerst von der Firma Bopp & Reuther in Mannheim-Waldhof gebaut. Es würde zu weit führen, näher auf das Prinzip und die Bauart des Messers einzugehen, der immer einen festen Einbau in die zu untersuchende Leitung bedingt. Die Meßresultate gelten als befriedigend, bedürfen aber auch eines Korrektionskoeffizienten. Über den Venturimesser informiert man sich gut in der vorstehend angeratenen Weise.

Soll die Anwendung der verschiedenen Meßinstrumente Ergebnisse zeitigen, auf welche man sich verlassen kann, so ist Sorge zu tragen, daß der Gasstrom möglichst gleichmäßige Geschwindigkeit, frei von turbulenten Strömungen und Wirbeln aufweist. Daß diese Bedingung nicht am Schleudergebläse selbst zu erfüllen ist, dafür sorgen u. a. schon die Ein- und Austrittskontraktionen. Es sind an das zu untersuchende Gebläse Rohrleitungen anzuschließen, in welche zur Gleichrichtung des Gasstromes kurz vor der Meßstelle ein aus Blechen herzustellendes Kreuz von einer Länge gleich dem doppelten bis dreifachen Rohrdurchmesser einzubauen ist. Einige Drahtsiebe veranlassen gleichfalls eine Gradrichtung des Gasstromes und sollte wenigstens ein solches Sieb vor dem erwähnten Blechkreuz angeordnet werden.

Die geförderten Gasmengen und Kraftbedarf.

Die Fördermöglichkeit eines Schleudergebläses hängt in erster Linie von der seinerseits erzeugten Gesamtspannung und seinen Durchgangsquerschnitten und der Beschaffenheit der zugehörigen Rohrleitung hinsichtlich Länge, Durchmesser und deren Gesamtwiderstände ab. Als zu den letzteren gehörig, müssen auch die unvermeidlichen Kontraktionsverluste gerechnet werden, und zwar vorweg diejenigen, welche aus dem Flächenverhältnis $F_2 : F_1$ erwachsen, worin gemäß Diagramm Nr. 8 im Abschnitt »Gleichwertige Öffnung« F_1 den Querschnitt des Raumes, aus welchem angesaugt wird und F_2 derjenige der Saugöffnung am Ventilator ist. Diesen Koeffizienten berücksichtigt man bei Bestimmung der gleichwertigen Öffnung und setzt nach Murgue 0,65 hierfür ein. Damit wird ganz richtig der Tatsache Rechnung getragen, daß beim Ventilatorbetrieb nur ganz selten das Flächenverhältnis $F_2 : F_1 = 0,1$ überschritten wird. Wo es aber geschieht, hat man eben einfach in die Äquivalenzformel einen anderen zutreffenden Koeffizienten einzusetzen.

In neuerer Zeit bürgert sich immer mehr die Anwendung einer sog. »verlustfreien Düse« ein, die auch in den »Regeln für Leistungsversuche usw.« empfohlen wird. In der Form, wie die Gleichung für die verlustfreie Düse geboten wird, erscheint sie nicht ganz unbedenklich, weil leicht Irrtümer erregend. Sie lautet:

$$F_{ae} = \frac{Q}{240 \cdot \sqrt{h}} \quad \cdots \cdots \cdots \cdots (27)$$

und hat allein Gültigkeit für ein spezifisches Gewicht von $\gamma = 1{,}226$ kg/cbm, während sonst $\gamma = 1{,}2$ kg/cbm gebräuchlich ist und sich ebenfalls in der Gleichung von Murgue findet. Richtet man diese für alle Fälle gültig ein, dann schreibt sie sich:

$$ae = \frac{V \cdot \sqrt{\gamma}}{2{,}879 \cdot \sqrt{h}} \quad \cdots \cdots \cdots \cdots (27)$$

denn

$$\sqrt{2 \cdot g} \cdot 0{,}65 = 2{,}879.$$

Die von Dr.-Ing. Bläß gegebene Formel für die verlustfreie Düse lautet in ihrer ursprünglichen Form:

$$F_{ae} = \frac{Q}{60 \cdot \sqrt{\dfrac{2 \cdot g}{\gamma}} \cdot \sqrt{h}}$$

und diejenige von Murgue:

$$ae = \frac{V \cdot \sqrt{\gamma}}{\sqrt{2 \cdot g} \cdot 0{,}65 \cdot \sqrt{h}}$$

und man wird sofort erkennen, daß es nur der Eliminierung von 0,65 aus dem Nenner der letzteren Gleichung bedarf, um sie mit derjenigen von Bläß in völlige Übereinstimmung zu bringen. Will man sonach, wie es doch Zwang ist, die Formel der verlustfreien Düse für alle Fälle in Anwendung bringen, ohne Fehler zu begehen, muß man sich die gebräuchliche abgekürzte Form, wie sie oben gegeben ist, abgewöhnen und im Nenner stets den Wert von $\sqrt{(2 \cdot g):\gamma}$ einsetzen. Eine Vereinfachung ist hierin indes nicht zu erblicken. Es genügt also, die Murguesche Gleichung mit 0,65 zu multiplizieren, um die Bläßsche und letztere durch 0,65 zu dividieren, um diejenige von Murgue zu erhalten. Als ideelle Düsen sind beide anzusprechen.

Ein kleines Beispiel möge zur Erläuterung dienen.

Gegeben sind: $Q = 240$ cbm, $\gamma = 1{,}56$ kg/cbm, $h = 200$ mm, dann ist nach Murgue:

$$ae = \frac{4 \cdot 1{,}248}{2{,}879 \cdot 14{,}14} = \underline{0{,}1226 \text{ qm}} \text{ mal } 0{,}65 = 0{,}0799 \text{ qm}$$

nach Bläß:

$$F_{ae} = \frac{240}{60 \cdot 3{,}54 \cdot 14{,}14} = \underline{0{,}0799 \text{ qm}} : 0{,}65 = 0{,}1226 \text{ qm}.$$

Wie schon aus den für die Bestimmung der in Frage kommenden Äquivalenz gebräuchlichen Gleichungen zu ersehen ist, bildet die Fördermenge einen ausschlaggebenden Faktor; sie läßt sich aus den Gleichungen ermitteln und ändert sich mit jeder Wandlung der Äquivalenz. Bei ganz geöffnetem Ausblas eines Ventilators liegt volle Äquivalenz vor; der Ventilator wird die größte Gasmenge fördern. Ist die Ausblaseöffnung hingegen ganz geschlossen, so hört jegliche Förderung auf; die Äquivalenz ist gleich Null. Es gibt zwischen diesen beiden Grenzfällen indes eine unendliche Zahl dazwischenliegender Betriebsfälle, durch welche derjenige, für den der Ventilator berechnet und ausgeführt wurde, ungünstig beeinflußt wird. Es wurde bereits darauf hingewiesen, daß es für jedes Schleudergebläse nur einen Betriebsfall gibt, gelegentlich dessen er am wirtschaftlichsten arbeitet. Unter sonst gleichen Betriebsverhältnissen, d. h. bei gleichbleibender Tourenzahl des Flügelrades und gleicher Druckhöhe, wird sich die Fördermenge nahezu genau proportional der Äquivalenz ändern.

Der Kraftbedarf der Schleudergebläse ist unschwer zu ermitteln. Wenn sekundlich eine Gasmenge V in cbm von einem spezifischen Gewichte γ in kg/cbm mit einem Druckhöhenunterschied von h m Gassäule gefördert wird, so entspricht das einer Arbeit

$$A = V \cdot \gamma \cdot H \text{ in m/kg} \dots \dots \dots \dots (28)$$

d. h. in Pferdestärken:

$$PS = \frac{V \cdot h}{75} \dots \dots \dots \dots (29)$$

Die während der Gasbewegung innerhalb des Ventilators zu überwindenden Widerstände, ferner Wellenzapfenreibung in den Lagern usw. bedingen, daß mit dem theoretischen Kraftaufwande nicht auszukommen ist. Bezeichnet

PS = theoretischer Kraftbedarf,
PS_e = tatsächlicher Kraftbedarf,

so wird sich stets herausstellen, daß PS : PS_e kleiner als 1 ist. Das Verhältnis ε bezeichnet man als mechanischen Wirkungsgrad des Schleudergebläses und schwankt dieser, je nach Güte der Konstruktion und Sorgfalt in der Anfertigung beträchtlich, wobei erfahrungsgemäß die kleinen Typen ungünstiger arbeiten als die großen. Genaue Werte vermag man nur auf dem Prüfstand oder im Betriebe festzulegen. Bei sachgemäßen Ausführungen schwankt der mechanische Nutzungswert zwischen 0,4 und 0,75 vH; im Mittel können 55 bis 70 vH angenommen werden.

Beispiel: Ein Hochdruckventilator fördere sekundlich 6 cbm und erzeuge 500 mm WS Pressung, dann stellt sich der theoretische Kraftbedarf auf

$$PS = \frac{6 \cdot 500}{75} = 40,0.$$

Auf dem Prüfstande oder im Betriebe stellt sich heraus, daß der tatsächliche Kraftbedarf 68 PS beträgt. Es liegt sonach ein Verhältnis von

$$\frac{PS}{PS_e} = \frac{40}{68} = 0,59$$

vor, d. h. der Ventilator hat einen mechanischen Wirkungsgrad von $\varepsilon = 59$ vH und bei Kenntnis desselben würde man schreiben

$$PS_e = \frac{6 \cdot 500 \cdot 1}{75 \cdot 0,59} = 68,0.$$

Das Proportionalitätsgesetz.

Ein wichtiges Gesetz besagt, daß für eine gleichbleibende äquivalente Weite bzw. einer unveränderlich bleibenden angeschlossenen Rohrleitung und ein und denselben Ventilator folgendes gilt:

1. Die Fördermenge ist proportional der Umdrehungszahl des Flügelrades und damit auch proportional der Umfangsgeschwindigkeit desselben.

2. Die vom Schleudergebläse erzeugte Pressung (Gesamtdruck) ist proportional der 2. Potenz der Flügelradumdrehungen und

3. der Kraftbedarf eines Ventilators steigt und fällt mit der 3. Potenz der Radumdrehungen.

Dies gilt rein theoretisch, hat praktisch aber nur insoweit Geltung, als die Differenzen der Tourenzahlen nicht allzugroß sind. Um genaue Diagramme zu erhalten, müßten eigentlich für verschiedene Umlaufzahlen möglichst viele Messungen durchgeführt werden, was natürlich zeitraubend ist. Bei Anwendung des Proportionalitätsgesetzes kommt man mit erheblich weniger Messungen aus, weil man zutreffend rechnerisch zu interpolieren vermag.

Die Anwendung des Gesetzes werde durch nachfolgende Beispiele erläutert.

1. Fördermenge. Sie ist direkt proportional den Umdrehungen des Flügelrades, d. h.

$$\frac{V}{V_1} = \frac{n}{n_1} = \frac{u}{u_1} \quad \ldots \ldots \ldots \ldots \quad (30)$$

z. B. ein Exhaustor liefert bei 1550 minutlichen Umdrehungen 51 cbm bei 70 mm WS Gesamtpressung. Welche Anzahl cbm wird er bei 1300 und bei 1750 Umdrehungen fördern?

$$V_1 = \frac{V \cdot n_1}{n} = \text{im Fall I:} \ \frac{51 \cdot 1300}{1550} = \text{rund } 42,8 \text{ cbm}$$

und im Fall II:

$$\frac{51 \cdot 1750}{1550} = \text{rund } 57,6 \text{ cbm.}$$

2. **Gesamtdruck.** Durch Änderung der Umdrehungszahl des Flügelrades wird aber nicht allein die Fördermenge beeinflußt, sondern auch die Druckspannung, und zwar im Verhältnis von

$$\frac{h}{h_1} = \frac{n^2}{n_1^2} = \frac{u^2}{u_1^2} \quad \cdots \cdots \cdots \cdots \quad (31)$$

d. h. da

$$1300^2 = 1\,690\,000$$
$$1550^2 = 2\,402\,500$$
$$1750^2 = 3\,062\,500$$

für Fall I:

$$\frac{1550^2}{1300^2} = \text{rund } 1,42$$

und

$$h_1 = \frac{70}{1,42} = 49,3 \text{ mm WS,}$$

für Fall II:

$$\frac{1550^2}{1750^2} = \text{rund } 0,785$$

und

$$h_1 = \frac{70}{0,785} = 89,3 \text{ mm WS.}$$

3. **Kraftbedarf.** Wie eine Änderung der Umlaufzahl des Rades eine Änderung der Liefermenge und des Druckes bedingt, so auch den Kraftbedarf, und zwar im Verhältnis zur 3. Potenz. Es gilt mithin:

$$\frac{PS}{PS_1} = \frac{n^3}{n_1^3} = \frac{u^3}{u_1^3} \quad \cdots \cdots \cdots \cdots \quad (32)$$

und demnach, da

$$1300^3 = 2\,197\,000\,000$$
$$1550^3 = 3\,723\,875\,000$$
$$1750^3 = 5\,359\,375\,000,$$

so ergibt sich, wenn der Exhaustor ursprünglich 3,05 PS benötigte für Fall I:

$$\frac{1550^3}{1300^3} = 1,69$$

und somit

$$PS_1 = \frac{3,05}{1,69} = 1,8$$

für Fall II:

$$\frac{1550^3}{1750^3} = 0,695$$

und mithin

$$PS_2 = \frac{3,05}{0,695} = 4,4.$$

Zusammengestellt zeigt sich jetzt, daß der Exhaustor bei unveränderter Äquivalenz und

1300 Umdrehungen 42,8 cbm bei 49,3 mm WS leistet bei 1,80 PS
1550 » 51,0 » » 70,0 » » » » 3,05 »
1750 » 57,6 » » 89,3 » » » » 4,40 »

Bemerkt sei auch noch, daß Schleudergebläse verschiedener Größe, sonst aber übereinstimmend, d. h. einem Typ, einer Serie angehörend, hinsichtlich ihrer Leistungsfähigkeit eine gewisse Proportionalität aufweisen; man bezeichnet diese mit »Charakteristik«.

Gleichwertige (äquivalente) Öffnung.

Der Begriff der »äquivalenten oder gleichwertigen Öffnung« bedarf einer eingehenden Erklärung, weil, wie vielfache Wahrnehmungen dargetan haben, hierüber noch keineswegs diejenige Klarheit obwaltet, welche unbedingt erforderlich ist, wenn man das Gebiet der Schleudergebläse sachlich richtig behandeln will. Die Annahme mangelnder Klarheit hinsichtlich der gleichwertigen Öffnung darf nicht als leichtfertig bezeichnet werden, wenn man sich vor Augen hält, daß nur wenige Ventilatorenfirmen sich dieser allein richtigen Bezeichnung in ihren Drucksachen, Anschlägen usw. bedienen, sondern meist von »Querschnittsverengung«, »Füllungsgraden« und »Luftstromdurchmesser« sprechen. Dergleichen Bezeichnungen dürfen wohl auf ein gewisses Unterbewußtsein zurückgeführt werden, müssen aber, weil irreführend, als unzulässig beanstandet werden.

Bezugszeichen.

V = Volumen in cbm/sek
Q = Volumen in cbm/min
F = Querschnitt in qm
F_{ae} = verlustfreie Düse in qm
ae = gleichwertige Öffnung in qm
h_g = Geschwindigkeitshöhe (dynamische) in mm WS
c = Geschwindigkeit in m/sek

g = 9,81 Beschleunigung durch die Schwerkraft
γ = spezifisches Gewicht für Luft und Gase in kg/cbm
ζ = Widerstandszahlen
a = Gasstromdurchmesser in m
D_{y1} = gleichwertiger Durchmesser in qm gegenüber quadratischen und rechteckigen Öffnungen.

Bei der Förderung von Luft und Gasen, ob mit oder ohne Beimischungen, wie sie sich bei pneumatischen Materialtransporten ergeben, handelt es sich beinahe immer darum, zwei Räume durch Rohrleitungen zu verbinden; den Raum, aus welchem und denjenigen in welchen gefördert werden soll. Grundsätzlich ändert sich hieran auch dann nichts, wenn vom Freien ins Freie durch eine Leitung gefördert wird. Hierbei handelt es sich dann lediglich um unendlich große Räume. Veranschaulicht wird der Sachverhalt durch beistehende Abbildung.

Um ein Strömen des Gases in der Rohrleitung $a - b$ bewirken zu können, muß zwischen den Räumen I und II ein Druckunterschied herrschen bzw. hervorgebracht werden, gleichviel ob Über- oder Unterdruck. Die Höhe des Druckunterschiedes bestimmt sich aus der Geschwindigkeit c des Gasstromes innerhalb der Rohrleitung D sowie der Größe etwa vorhandener Widerstände.

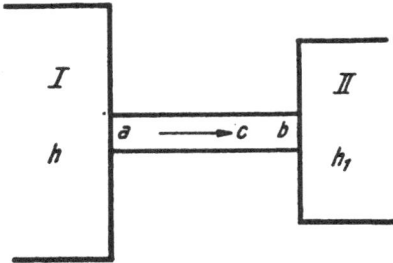

Abb. 7.

Um die zur Erzeugung einer Gasgeschwindigkeit c nötige Druckhöhe (Über- oder Unterdruck) h_g, die sog. Geschwindigkeitshöhe oder dynamische Pressung, zu erreichen, muß die Gleichung

$$h_g = \frac{c^2}{2 \cdot g} \quad \ldots \ldots \ldots \ldots \ldots \ldots (20)$$

erfüllt werden. Diese Geschwindigkeitshöhe versteht sich in m Gassäule. Multipliziert man den Wert dieser Gleichung mit γ, dem spezifischen Gewichte der Luft, so ergibt sich die Geschwindigkeitshöhe in mm WS.

Ohne nähere Begründung zunächst ist einzusehen, daß die mehr oder weniger rasche Strömung des Gasstromes innerhalb der Rohrleitung Reibungswiderstände zu überwinden hat, die sich erhöhen, wenn Einzelwiderstände, wie Schieber, Drosselklappen usw. oder Ablenkungen hinzutreten. Dabei ist zu beachten, daß diese Widerstandshöhen mit der Durchflußgeschwindigkeit des Gasstromes wachsen, und zwar nicht direkt proportional, sondern mit dem Quadrate der Strömungsgeschwindigkeit. Beträgt sonach z. B. der Widerstand eines Luftstromes von 9 m/sek $= x$, so wird unter sonst gleichen Verhältnissen eine Strömungsgeschwindigkeit von 15 m/sek nicht den 1,67 fachen, sondern den

$$\frac{15^2}{9^2} = \frac{225}{81} = 2,78 \text{ fachen}$$

Widerstand finden. Die Widerstände einer Leitung werden gemeinhin mit ζ bezeichnet, und zwar versteht man unter ζ_0 die Verluste in der eigentlichen Leitung, d. h. in deren glatten Strängen, wobei deren Länge und Durchmesser in m einzusetzen sind. ζ_1, ζ_2 stellen die Verluste durch Einzelwiderstände dar.

Es ist jetzt leicht zu erkennen, daß die für eine Gasströmung in Röhren oder Kanälen erforderliche Gesamtdruckhöhe in m Gassäule gleich:

$$\frac{c^2}{2\,g} \cdot (1 + \zeta) \quad \dots \dots \dots \dots \quad (33)$$

sein muß, was, auf die vorstehende Skizze übertragen, dem Druckunterschiede zwischen den Räumen I und II gleichkommen muß, p in kg/qcm und γ als spezifisches Gewicht des in Frage kommenden Gases

$$h = \frac{10\,000 \cdot p}{\gamma} \quad \dots \dots \dots \dots \quad (34)$$

Ist, wie es häufig vorkommt, der Druckhöhenunterschied h zwischen den beiden Räumen I und II gegeben und liegen auch die genauen Verhältnisse der Verbindungsleitung vor, dann bestimmt sich in letzterer die wirkliche Gasgeschwindigkeit zu:

$$c = \sqrt{\frac{2 \cdot g}{1 + \zeta_1 + \zeta_0 \cdot (L:D)}} \cdot \sqrt{h} \text{ in Sekundenmeter} \quad \dots \quad (33a)$$

und das Fördervolumen ist $V = F \cdot c$ in cbm/sek, wenn der Leitungsquerschnitt in qm eingeführt wird.

Es ereignet sich aber weiters häufig, daß eine vorliegende Leitung mit unabänderlichen Verhältnissen andere als die ursprünglichen oder vorgesehenen Gasmengen fördern soll, was natürlich andere Gasgeschwindigkeit und auch anderen Gesamtdruck h bedingt. Hierbei ist die Änderung von c allein von der Änderung von h abhängig bzw.

$$c : c' = \sqrt{h} : \sqrt{h'}.$$

Schließlich ist es aber auch möglich, daß zwei oder mehrere Leitungen, die unter sich ganz verschieden sind, hinsichtlich der Summe ihrer Haupt- und Einzelwiderstände und des Gesamtdruckunterschiedes vollkommen übereinstimmen; sie können sonach als gleichwertig, als äquivalent bezeichnet werden. Eine solche Gleichwertigkeit läßt sich auch künstlich herstellen, und zwar dadurch, daß man einer Leitung solange Widerstände einverleibt, bis sie mit der Summe derselben einer anderen gleichkommt. Dies läßt sich leicht durch Einführung schieberartiger dünner Blechscheiben erreichen, die je mit einer Öffnung, deren Rand der Strömungsrichtung entgegen zugeschärft ist, versehen ist. Derartige Öffnungen bzw. Bleche, als Trennwand zwischen die beiden Räume I und II eingebaut, lassen bei demselben Druckunterschied die gleichen Gasmengen V überströmen, sofern ihr freier kreisförmiger Querschnitt dem Gastrome dieselbe Summe der Widerstände bietet, wie die zum Vergleich herangezogene Rohrleitung.

3*

Die Höhe des Kontraktionswiderstandes ist nicht immer gleich, sondern hängt vom Verhältnis des Raumquerschnittes, aus dem das Gas zuströmt, zum Querschnitt der Öffnung in der dünnen Wand ab. Die »Hütte« bietet hierfür ein Diagramm, das nebst erläuternder Abbildung nachstehend wiedergegeben ist.

Aus der Abb. 8 ist zu ersehen, wie der Einbau der dünnen Wand zu denken ist. F_1 bedeutet die Querschnittsfläche des Raumes. F_2 diejenige der gleichwertigen Fläche, d. h. der Öffnung. Wie ersichtlich, bildet diese gleichwertige Öffnung keineswegs den kleinsten Strahldurch-

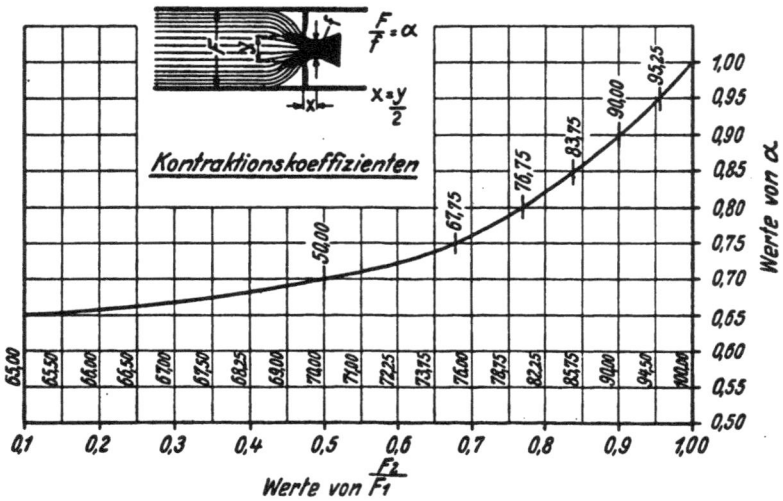

Abb. 8.

messer; dieser liegt vielmehr, wie seit langem einwandfrei festgestellt wurde, um die Hälfte des Öffnungsdurchmessers in der Strömungs-richtung von der Scheibe ab.

Auf der Abszissenachse des Diagrammes sind die Verhältnisse $F_2 : F_1$ aufgetragen, und zwar von 0,1 bis 1,0. Die rechte Ordinaten-achse weist die Einschnürungsdurchmesser des Gasstromes bei a auf. Zur bequemeren Ablesung wurden in Abständen von 0,05 des Flächen-verhältnisses die Werte von a eingetragen. Rechnerisch bestimmt sich die gleichwertige Öffnung, sofern das sekundliche Gasvolumen in cbm und die Gesamtpressung h in m Gassäule gegeben sind, zu

$$F_2 = \frac{V}{a \cdot \sqrt{2 \cdot g \cdot H}} \quad \ldots \ldots \ldots \ldots (35)$$

Gemeinhin wird die gleichwertige Öffnung mit ae bezeichnet und die Druckhöhe in mm WS angegeben; auch ist das spezifische Gewicht des Gases zu berücksichtigen. Geschieht das, dann errechnet sich die gleichwertige Öffnung nach der Gleichung:

$$ae = \frac{V \cdot \sqrt{\gamma}}{\sqrt{2 \cdot g} \cdot a \cdot \sqrt{h}} = \frac{V \cdot \sqrt{\gamma}}{2,879 \cdot \sqrt{h}} = \frac{0,347 \cdot V \cdot \sqrt{\gamma}}{\sqrt{h}} \quad \ldots \ (36)$$

was sich genau mit der bekannten Äquivalenzformel des Bergingenieurs Murgue deckt. In dieser Gleichung tritt der Faktor a stets mit dem Wert 0,65 auf, was nach dem Diagramm heißt, das Verhältnis $F_2 : F_1 = 0,1$ oder kleiner. Wie schon hervorgehoben, saugen Ventilatoren fast ausnahmslos aus dem Freien, jedenfalls aber aus so großen Räumen, daß das Flächenverhältnis 0,1 nicht überschritten wird. Tritt aber einmal ein solcher Fall ein, dann ist gemäß Diagramm eben ein anderer zutreffender Wert als Divisor einzusetzen, wie in folgendem Beispiel gezeigt wird.

Gegeben sind: $V = 12$ cbm. $F_2 : F_1 = 0,5$ $h = 100$ mm WS. $\gamma = 1,7$ kg/cbm, dann ist

$$F_2 \ \text{bzw.} \ \ ae = \frac{12 \cdot 1,3}{4,43 \cdot 0,70 \cdot 10} = 0,503 \ \text{qm.}$$

Richtet man die Hauptgleichung (36) für Luft von 1,2 kg/cbm ein, wie solche fast allgemein für Tabellen oder generelle Angebote angenommen wird, dann vereinfacht sie sich zu

$$ae = \frac{V \cdot 0,38}{\sqrt{h}} \quad \ldots \ldots \ldots \ldots \ldots \ (37)$$

und aus Umformungen dieser Gleichung ermitteln sich dann:

$$V = \frac{\sqrt{h} \cdot ae}{0,38} \ \text{bzw.} \ \frac{\sqrt{h} \cdot ae}{0,347 \cdot \sqrt{\gamma}} \quad \ldots \ldots \ (37a)$$

und

$$\sqrt{h} = \frac{0,38 \cdot V}{ae} \ \text{bzw.} \ \frac{V \cdot 0,347 \cdot \sqrt{\gamma}}{ae} \quad \ldots \ldots \ (37b)$$

Seit einigen Jahren wird Stellung insofern gegen die Murguesche Äquivalenzformel genommen, als man Anstoß am Kontraktionskoeffizienten a nimmt, dem Ungenauigkeit und Lästigkeit zum Vorwurf gemacht werden. Man strebt an, eine verlustfreie Düse — geschrieben F_{ae} — mit dem Wert 1,00 in Ansatz zu bringen. Man erreicht dies rechnerisch einfach dadurch, daß man aus der Hauptgleichung (36) im Divisor den Kontraktionskoeffizienten a eliminiert. Für Förderung von Luft 1,2 kg/cbm stellt sich dann das Verhältnis

$$F_{ae} \ \text{zu} \ ae = 1,000 \ \text{zu} \ 1,538$$

z. B. $\quad ae = 0,956$ qm dann ist $F_{ae} = $ rund 0,622 qm.

Dies Verhältnis hat indes nur beim spezifischen Luftgewicht von 1,2 kg Gültigkeit und auch nur, soweit das Verhältnis $F_2 : F_1 = 0,1$

oder kleiner ist. Das ist sofort zu erkennen, wenn man die von Dr.-Ing. Viktor Blaeß eingerichtete Gleichung:

$$F_{ae} = \frac{Q}{240 \cdot \sqrt{h}} \quad \ldots \ldots \ldots \ldots \quad (27)$$

betrachtet, die nur Gültigkeit für ein Luftgewicht von 1,226 kg besitzt. Soll die Gleichung für ein Luftgewicht von 1,2 kg/cbm Verwendung finden, dann muß sie lauten:

$$F_{ae} = \frac{Q}{243 \cdot \sqrt{h}}$$

und man schreibt

$$V_{ae} = \sqrt{\frac{2 \cdot g}{\gamma} \cdot h} \quad \ldots \ldots \ldots \ldots \quad (38)$$

für alle Fälle richtig.

Über genaue Anleitung zur Anfertigung verlustfreier Düsen, die zur Messung von Ausflußmengen sehr zu empfehlen sind, unterrichte man sich in den »Regeln für Leistungsversuche an Ventilatoren und Kompressoren«, Berlin, V.D.I.-Verlag.

Handelt es sich um einen blasenden Ventilator, so entspricht normal ae dem Ausblasquerschnitt. Ist letzterer ein runder, so hat es bei dem ermittelten Durchmesser sein Bewenden; anders hingegen, wenn der Ausblas, wie bei Blechgehäusen üblich, ein Quadrat oder Rechteck bildet. Wie schon in der Einleitung (S. 5) hervorgehoben wurde, füllt das strömende Gas einen solchen Querschnitt nicht voll aus, so daß ein gleichwertiger Durchmesser festgelegt werden muß, dessen Querschnitt dafür bürgt, daß die zu fördernde Gasmenge beim erforderlichen Druck auch tatsächlich passiert. Die hierfür erforderliche Gleichung:

$$D_{gl} = \frac{4 \cdot \text{Fläche}}{\text{Umfang}} \quad \text{bzw.} \quad \frac{2 \cdot a \cdot b}{a + b} \quad \ldots \ldots \ldots \quad (39)$$

wurde S. 5 bereits gegeben. Durch ein Beispiel werde die Gleichung erläutert.

Es sei die Höhe eines Ausblaserechteckes 580 mm und die Breite 400 mm, dann bestimmt sich:

$$D_{gl} \cdot = \frac{4 \cdot 400 \cdot 580}{1960} = 473,5 \text{ mm}$$

und falls eine Seite gesucht wird:

$$a = \frac{b \cdot D_{gl}}{2 \, b - D_{gl}} = \frac{580 \cdot 473,5}{2 \cdot 580 - 473,5} = 400 \text{ mm.}$$

Für alle Berechnungen ist lediglich der gleichwertige Durchmesser zu berücksichtigen, eine Regel, gegen die nur zu häufig verstoßen wird.

Bei Exhaustoren — saugenden Ventilatoren — ist die Saug- oder Einströmöffnung maßgebend, die stets kreisförmigen Querschnitt aufweist, so daß für sie keine Umrechnung erforderlich wird.

Der Riemenantrieb.

Die Verhältnisse des Riemenantriebes, der noch überwiegend bei Ventilatoren in Anwendung kommt, liegen nicht unwesentlich anders, als bei der Mehrzahl sonstiger Maschinen. Es ist dies vornehmlich auf die relativ kleinen Riemscheibendurchmesser und die hohen Umdrehungszahlen der Flügelräder zurückzuführen. Hinzu tritt, daß Schleudergebläse, welche hohe Über- oder Unterdrücke, oftmals auch beide gleichzeitig zu erzeugen haben, beträchtlichen Kraftaufwand erfordern, alles Faktoren, welche starke Anforderungen an das Riemenmaterial stellen.

Jeder Riemen soll eine bestimmte Kraft von einer treibenden auf eine getriebene Scheibe übertragen, indem er sich infolge seiner Adhäsion, die durch eine gewisse Spannung erhöht wird, an den Riemenscheiben festsaugt. Wenn irgend angängig, soll der untere Riementrum der ziehende, kraftübertragende sein und die Anspannung des Riemens soll dergestalt erfolgen, daß der nichtziehende Trum etwas durchhängt. Sind beide Trum während des Betriebes gleichmäßig gespannt, so ist dies ein Beweis dafür, daß die zu übertragende Kraft die Adhäsion überwindet und der Riemen auf den Scheiben gleitet. Sofern nicht unzulässige Anspannung eines Riemens erfolgt, — ein Verfahren, das gerade bei Ventilatorantrieben nur zu oft wahrzunehmen ist und übermäßige Lagerreibungen bedingt — ist stets mit etwas Gleiten zu rechnen; erfahrungsgemäß beziffert sich der Riemenschlupf auf 2 bis 4 vH und ist bei Berechnung der Umlaufzahlen hierauf Rücksicht zu nehmen.

Die günstigste Anordnung eines Riementriebes ist die wagerechte Lage oder bis zu 45° ansteigend bezw. fallend; senkrechte Antriebe sollen vermieden werden, weil zufolge des Eigengewichtes des Riemens dieser das Bestreben hat, gerade da am meisten durchzuhängen, wo sein festes Anliegen am nötigsten ist, an der Ventilatorscheibe. Dies ist aber um so bedenklicher, als diese Scheiben zufolge des meist sehr hohen Übersetzungsverhältnisses zu nur sehr geringem Teil vom Riemen umspannt werden und dies an sich ungünstige Verhältnis noch weiter verschlechtert wird, wenn der Abstand zwischen Ventilatorwelle und Transmission oder Vorgelege gering ist. Entfernungen von unter 3 m bei schmalen und 6 m bei breiteren Riemen sollten unbedingt vermieden werden.

Man wähle den Riemenantrieb stets als offenen, was sich immer erreichen läßt, da Ventilatoren mit beliebigen Ausblasrichtungen sowohl rechts- als linksläufig marktgängig sind. Gekreuzter Riementrieb verbietet sich bei hoher Geschwindigkeit schon deswegen, weil sich die beiden Trum an der Kreuzungsstelle reiben und dadurch leicht die Stöße der einzelnen Riemenbahnen beschädigt werden. Wo trotzdem beabsichtigt wird, einen gekreuzten Riemen zu verwenden, weil dieser die Riemscheiben auf einen größeren Teil ihres Umfanges umspannt, als ein offener und damit Erhöhung der Adhäsion herbeiführt, ist wohl zu beachten, daß ein gekreuzter Riemen auf den Scheiben wandert, wodurch einschließlich der Erschütterungen an der Kreuzungsstelle die Gesamtadhäsion ungünstig beeinflußt wird. Geringer Achsenabstand macht sich zudem beim gekreuzten Riemen noch ungünstiger bemerkbar als beim offenen. Der Punkt, wo sich die Trum kreuzen, muß mindestens 10 mal Riemenbreite von der nächsten Welle entfernt sein. Je breiter ein gekreuzter Riemen und je näher sein Kreuz vor der kleineren Scheibe, also derjenigen am Ventilator, ist, desto ungünstiger gestaltet sich der Betrieb.

Hier werde auch gleich die Frage erörtert, ob es zweckmäßiger ist, einen Riemen mit seiner Fleischseite oder seiner Haarseite auf den Scheiben laufen zu lassen. Ersteres Verfahren ist bei uns, letzteres in Nordamerika gebräuchlich. Ansichten ganz beiseite geschoben, muß zunächst hervorgehoben werden, daß nach reichlich gewonnenen praktischen Erfahrungen die Fleischseite eines Riemens eine weitaus bessere Adhäsion als die Narbenseite bietet. Daß letztere minder geschmeidig ist als erstere, ist beim Biegen eines Riemens sofort zu spüren. Die Mitte einer Riemenstärke bildet die sogen. »neutrale Faserschicht«, die elastische Linie. Legt man einen Riemen auf eine Scheibe, und zwar mit der Fleischseite, so wird sich diese von der neutralen Schicht ab zusammendrücken und nach außen hin stecken. Daß sich die dichtere Narbenseite leichter strecken als zusammendrücken läßt, leuchtet wohl ohne weiteres ein, auch ohne daß hinreichend durchgeführte Versuche wiederholt werden. Indes soll auch ein tatsächlicher Beweis geführt werden.

Eine 5 mm dicke Riemenbahn lege man um eine blanke Riemscheibe von 300 mm Durchmesser. An das eine Ende der Riemenbahn befestige man ein 5 kg-Gewicht, an das andere ein Gefäß, in das man so lange Sand einfüllt, bis der Riemen zu gleiten beginnt. Liegt letzterer mit der Narbe auf der Scheibe, so rutscht er bei einer Belastung von 11,5 kg, während beim Aufliegen der Fleischseite der Riemen erst bei einer Belastung von 13,5 kg ins Gleiten gerät. Nach Abzug des Gegengewichtes von den ermittelten Belastungen ergibt sich — die Riemenauflagerfläche betrug 440 qcm — für die Narbenseite 6,5 kg und für die Fleischseite 8,5 kg Adhäsion, d. h. also rund 30 vH mehr.

Für Schleudergebläse sollten ausschließlich beste Lederriemen, möglichst endlos geleimt, wie die sog. Dynamoriemen Verwendung finden, weil nur sie in der erforderlichen geringen Dicke und hohen Geschmeidigkeit erhältlich sind und wie diese weder von Baumwoll-, Kamelhaar-,

Balata- und Gummiriemen geboten werden. Von Balata- und Gummiriemen darf nur Gebrauch gemacht werden, wenn der Ventilator in sehr
feuchtem oder mit Säuren geschwängertem Raume Aufstellung findet;
es gibt indes sogar für solche Fälle präparierte und imprägnierte Lederriemen.

Nach einer praktisch vielfach erprobten Regel soll die Riemendicke
tunlichst $1/_{100}$ des Scheibendurchmessers nicht überschreiten. Die Beanspruchung eines guten Lederriemens kann normal bis zu 150 g/qmm
Querschnitt angenommen werden. Diese Beanspruchung gilt gemeinhin
aber erst für Breiten über 250 mm und 6 mm Dicke; schmälere und
dünnere Riemen müssen geringer in Anspruch genommen werden. Berücksichtigt man nun, daß Ventilatorriemscheiben überwiegend nur
Durchmesser von 60 bis 600 mm aufweisen, wobei aber bis zu mehreren
hundert Pferdestärken zu übertragen sind, so ist leicht zu erkennen,
daß der genauen Berechnung der Betriebsriemen Sorgfalt zu widmen
ist. Soll die vorerwähnte Regel beachtet werden, dann dürfte für einen
großen Ventilator mit einer Scheibe von 600 mm Durchmesser kein
Riemen Verwendung finden, der stärker denn 6 mm ist. Bei einer sekundlichen Umfangsgeschwindigkeit der Scheibe von 26,7 m, 1 250 cbm/min
und einer Gesamtpressung von 600 mm WS ergäbe sich ein Kraftbedarf
von 275 PS und wäre eine Riemenbreite von 850 mm erforderlich.
Dies ist aber noch lange kein Grenzbeispiel nach oben hin. Man sieht,
hier muß ein anderer gangbarer Weg beschritten werden.

Soweit angängig, soll dünnen Riemen immer der Vorzug einge-
räumt werden; zu Doppelriemen greife man nur notgedrungen, weil
sie hinsichtlich Geschmeidigkeit weit zurückstehen und auch mindere
Bruchfestigkeit pro qmm Querschnitt aufweisen. Wo mit einfachen
Riemen nicht mehr auszukommen ist, bediene man sich an Stelle eines
Doppelriemens zweier einfachen dergestalt, daß man sie beide über-
einander laufen läßt. Für diese Antriebsart müssen die selbander laufenden Riemen freilich besonders sorgfältig im Material ausgewählt,
gearbeitet und gut gestreckt sein.

Empfehlender ist es, den Ventilator mit z w e i Riemscheiben aus-
zustatten, so daß er mittels zweier Riemen angetrieben werden kann.
Diese Anordnung ist bereits bei den Erzeugnissen einiger Ventilatorenfirmen anzutreffen, allerdings nur bei Hochdruckventilatoren und um
diese handelt es sich fast ausschließlich, sofern große Kraftaufwendungen
in Frage kommen.

Als eine wirklich brauchbare Faustformel zur Bestimmung einer
erforderlichen Riemendicke ist zu bezeichnen:

$$P = \frac{PS \cdot 75}{c} \quad \ldots \ldots \ldots \ldots \quad (40)$$

worin bedeuten:

PS = die Anzahl der zu übertragenden Pferdestärken,
  c = die sekundliche Riemengeschwindigkeit in m,
  P = die durch den Riemen zu übertragende Kraft in kg/sek.

Z. B. Es sind 35 PS bei einer sekundlichen Riemengeschwindigkeit von 24 m zu übertragen

$$P = \frac{35 \cdot 75}{24} = 109,325 \text{ kg.}$$

Läßt man nun eine Beanspruchung des Riemens von 150 g pro 1 qmm zu, so ergibt sich ein Querschnitt von

$$\frac{109325}{150} = 729 \text{ qmm,}$$

was bei einer Riemendicke von 5 mm einer Breite von 146 mm entspricht.

Eine andere empfehlenswerte Formel für Fälle, in denen Pferdestärken, Riemenscheibenhalbmesser und minutliche Umdrehungen gegeben sind, ist folgende:

$$P = 716200 \cdot \frac{\text{PS}}{R \cdot n} \quad \ldots \ldots \ldots \quad (40a)$$

bzw.

$$\frac{R \cdot n}{\text{PS}} = \frac{716200}{P} \quad \ldots \ldots \ldots \ldots \quad (41)$$

und hiernach das anfängliche Beispiel: Ventilatorscheibe 600 Durchmesser, 850 Umdrehungen, 275 PS durchgerechnet, ermittelt

$$\frac{300 \cdot 850}{275} = 927,27 \text{ und } P = \frac{716200}{927,27} = 772,5 \text{ kg.}$$

Nach obenstehender Gleichung und Wahl einer Riemendicke von 8 mm, sowie einer Beanspruchung von 150 g ergibt sich: eine Riemenbreite von

$$B = \frac{772500}{150 \cdot 8} = 644 \text{ mm} \quad \ldots \ldots \ldots \quad (42)$$

oder rund zwei Riemen von je 320 mm Breite (siehe Abb. 9).

Wennschon nach dieser Formel die Berechnung von Riemen überaus einfach ist, erschien es doch zweckmäßig, die sich hieraus ergebenden Werte für Riemendicken von 4 bis 8 mm und Breiten bis zu 500 mm für alle praktisch vorkommenden Fälle graphisch festzulegen, außerdem aber auch noch eine Tabelle zu bieten, aus welcher nicht allein die gesuchten Riemenbreiten, sondern auch die jeweils auszuübende Umfangskraft und die Beanspruchung des Riemens pro 1 qcm Querschnitt entnommen werden können.

Theoretisch ist zwar für dünne und schmale Riemen dieselbe Beanspruchung zulässig, wie für starke und breite, doch hat die Praxis als ratsam erscheinen lassen, erstere weniger hoch zu belasten. Dies erscheint um so richtiger, als bei schwachen und schmalen Riemen eine geringe Mehrbreite nur unwesentlich auf den Preis einwirkt und die Lebensdauer eines derartigen Riemens verlängert wird. Die sowohl im Diagramm, wie in der Tabelle zugrunde gelegten Beanspruchungen stehen im Einklang mit denen, die seitens anerkannt bester Treib-

Abb. 9. Guß-Hochdruck-Ventilator mit zwei Riemenscheiben.

riemenfabriken als richtig bezeichnet sind. In Sonderfällen mag es hingehen, die Beanspruchung höher zu bemessen; nie soll man indes über 150 g/qmm hinausgehen. In einigen amerikanischen Betrieben wurde die Riemenbeanspruchung bis zu 200 g/qmm getrieben, wobei aber eine vorzeitige Zerstörung der Riemen festgestellt werden mußte.

Für die Benützung der Riementabelle und des Diagrammes sei noch einiges gesagt.

Für die Tabelle gilt:

Man errechne den in Frage kommenden Wert von $\dfrac{R \cdot n}{PS}$ und suche denselben in der ersten Spalte der Tabelle auf.

Z. B. Eine Riemenscheibe $R = 150$ mm mache minutlich 1400 Umdrehungen und habe 18 PS zu übertragen, dann ist

$$\frac{150 \cdot 1400}{18} = 11667.$$

Dieser Wert liegt zwischen 13100 und 11600; es wäre sonach zu wählen

ein Riemen 5 mm dick und 120 mm breit oder

ein Riemen 6 mm dick und 100 mm breit.

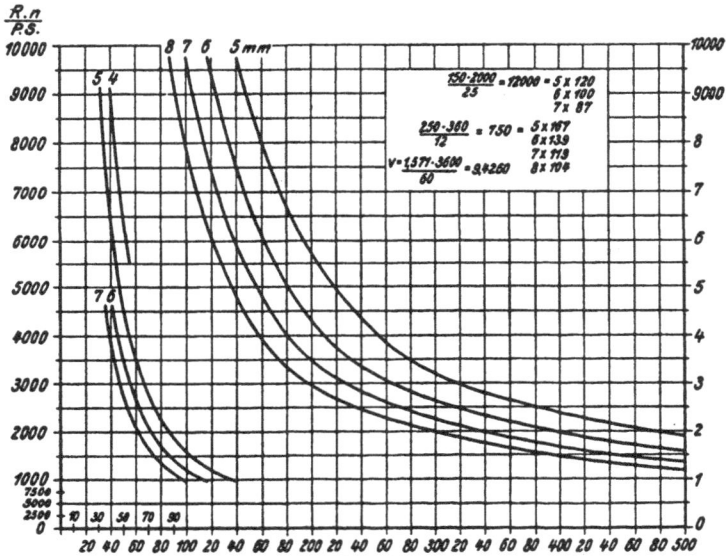

Abb. 10.

Man kann aber auch die Umfangskraft P errechnen und diese in Spalte 7 aufsuchen, um die Breite des Riemens zu finden (siehe Tabelle V Seite 45).

Für die Verwendung der graphischen Darstellung ist zu beachten, daß auf der Abszissenachse die Riemenbreiten und auf den Ordinatenachsen die Werte von $(R \cdot n) : PS$ aufgetragen sind. Dabei ist zu berücksichtigen, daß — um das Diagramm für größere Riemenbreiten genauer zu gestalten — die linke Ordinatenachse eine zehnmal größere Teilung erhielt, als die rechte.

Hat man den Wert für $(R \cdot n) : PS$ berechnet, dann sucht man diesen auf einer der Ordinatenachsen auf, fährt wagerecht bis zu den Kurven und von deren Schnittpunkten senkrecht zur Abszissenachse, woselbst die zugehörigen Breiten direkt abgelesen werden können (Abb. 10).

V. Riemen-Tabelle.

Zahlen $\dfrac{R \cdot n}{PS}$	Einfache Riemen Dicke in mm					Umfangskraft in kg	Beanspruchung in kg pro 1 qcm Querschnitt
	4	5	6	7	8		
100 000—82 000	40	32	—	—	—	8,0	5,00
82 000—69 000	45	36	—	—	—	9,5	5,28
69 000—59 500	50	40	—	—	—	11,2	5,60
59 500—50 000	55	44	—	—	—	12,9	5,86
50 000—42 650	—	50	41	36	—	15,6	6,24
42 650—37 250	—	55	46	39	—	18,0	6,54
37 250—32 850	—	60	50	43	—	20,5	6,82
32 850—29 250	—	65	54	47	—	23,1	7,10
29 250—26 250	—	70	58	50	44	25,9	7,40
26 250—23 750	—	75	63	54	47	28,7	7,66
23 750—21 650	—	80	67	57	50	31,7	7,92
21 650—19 750	—	85	71	61	53	34,5	8,12
19 750—18 250	—	90	75	64	56	37,5	8,34
18 250—16 800	—	95	79	68	60	41,1	8,65
16 800—15 000	—	100	83	71	62	44,2	8,84
15 000—13 100	—	110	91	79	69	51,2	9,31
13 100—11 600	—	120	100	86	75	58,1	9,68
11 600—10 300	—	130	110	93	81	65,5	10,08
10 300— 9 250	—	140	117	100	87	73,4	10,48
9 250— 8 400	—	150	125	107	94	81,2	10,82
8 400— 7 650	—	160	133	114	100	89,4	11,18
7 650— 7 000	—	170	141	121	106	98,0	11,54
7 000— 6 400	—	180	150	129	113	107,0	11,88
6 400— 5 950	—	190	158	136	119	116,0	12,20
5 950— 5 550	—	200	166	143	125	125,0	12,50
5 550— 5 150	—	210	175	150	131	134,0	12,76
5 150— 4 805	—	220	183	157	137	144,0	13,00
4 805— 4 505	—	230	191	164	143	154,0	13,40
4 505— 4 230	—	240	200	171	150	164,0	13,68
4 230— 3 980	—	250	209	179	157	175	14,00
3 980— 3 760	—	260	216	186	163	185	14,24
3 760— 3 555	—	270	225	193	169	196	14,54
3 555— 3 370	—	280	233	200	175	207	14,80
3 370— 3 235	—	290	241	207	181	218	15,00
3 235— 3 080	—	300	250	214	187	225	»
3 080— 2 895	—	320	266	230	202	240	»
2 895— 2 730	—	340	283	243	213	255	»
2 730— 2 580	—	360	300	257	225	270	»
2 580— 2 450	—	380	316	271	237	285	»
2 450— 2 330	—	400	333	286	250	300	»
2 330— 2 225	—	420	350	300	263	315	»
2 225— 2 125	—	440	366	314	275	330	»
2 125— 2 030	—	460	383	329	288	345	»
2 030— 1 950	—	480	400	343	300	360	»
1 950— 1 860	—	500	416	357	312	375	»
1 860— 1 770	—	—	440	377	330	396	»
1 770— 1 695	—	—	460	394	345	414	»
1 695— 1 625	—	—	480	411	360	432	»
1 625— 1 535	—	—	500	430	376	450	»
1 535— 1 450	—	—	—	460	403	483	»
1 450— 1 390	—	—	—	480	420	504	»
1 390— 1 330	—	—	—	500	437	525	»
1 330— 1 275	—	—	—	—	460	552	»
1 275— 1 210	—	—	—	—	480	575	»
1 210— 1 155	—	—	—	—	506	607	»

Für den Handgebrauch empfiehlt es sich, das Riemendiagramm in vergrößertem Maßstab auf Millimeterpapier zu übertragen, und zwar gemäß folgender Weisung:

Die Abszissenachse mache man 250 oder 500 mm lang, d. h. man wähle für 100 mm Riemenbreite 50 oder 100 mm. Für die linke Ordinatenachse entspreche 1 mm einem Werte von 500, für die rechte 1 mm einem solchen von 50.

Es werde nun kurz die Berechnung der erforderlichen Länge eines Riemens geboten. Diese erstrecke sich geflissentlich nur auf einen offenen Riemen, da, wie bereits begründet, gekreuzte Riemen für Ventilatoren verpönt sind (Abb. 11).

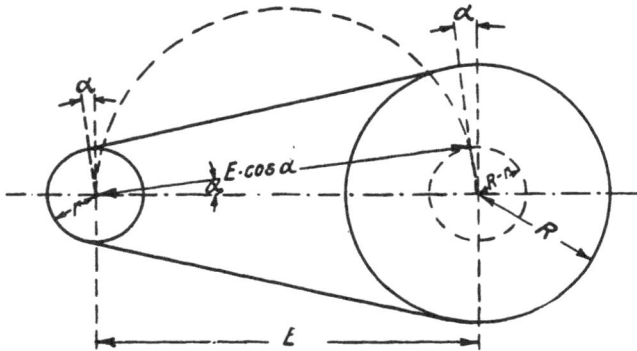

Abb. 11.

Die Bedeutung der Bezugszeichen ist aus der Skizze zu ersehen.

$$\text{Länge ohne Überblattung} = 2 \text{ arc } \alpha \ (R-r) +$$
$$+ (R + r)\pi + 2\,E\cos\alpha \ \dots \dots \dots \ (43)$$

Beispiel: Gegeben sind $E = 5{,}00$ m, $R = 0{,}60$ m, $r = 0{,}05$ m, dann ist

$$\sin \alpha = 0{,}05:5 = 0{,}01 \text{ und } \alpha = 30 \text{ Sekunden}$$
$$\cos \alpha = 1{,}00 \quad \text{arc } \alpha = 0{,}01$$

und diese Werte eingesetzt

$$L = 2 \cdot 0{,}01 \cdot 0{,}55 + 0{,}65 \cdot 3{,}14 + 2 \cdot 5 \cdot 1{,}00 = 12{,}052 \text{ m}.$$

Riemenverbindungen sind, wenn nicht sorgfältig ausgeführt und an sich zweckmäßig, nur zu oft die Hauptursachen unbefriedigenden Laufes und geringer Haltbarkeit eines sonst tauglichen Riemens. In erster Linie muß eine Riemenverbindung genügende Zugfestigkeit aufweisen, leicht und geschmeidig sein. Das Auflegen von Riemen über 100 mm Breite soll unbedingt mittels eines sogen. Riemenspanners erfolgen, wobei darauf zu achten ist, daß dessen Spannbacken genügend steif sind, um sich nicht durchbiegen zu können.

Für den Betrieb von Ventilatoren bildet das Leimen unstreitig die beste Verbindungsart. Die Riemenenden sind entweder maschinell oder mittels eines Hobels gleichmäßig abzuschärfen, dergestalt, daß wenn die beiden Enden aufeinander gelegt sind, die Verbindungsstelle nicht dicker ist als der Riemen an sich. Gewöhnlicher Tischlerleim sollte keine Verwendung finden, sondern nur spezieller Riemenleim bester Qualität, wie solcher von den Treibriemenfabriken zu beziehen ist. Dieser darf, um nicht an Bindekraft zu verlieren, keineswegs auf offenem Feuer, sondern im Wasserbade aufgelöst und muß heiß aufgetragen werden, wobei nicht versäumt werden darf, die vollkommen reinen, trocknen und aufgerauhten Riemenenden auch anzuwärmen.

Eine weitere brauchbare Verbindungsart ist das Nähen mittels schweinslederner Riemchen. Beide Arten Verbindungen bedürfen sorgfältigster Ausführung und überträgt man sie am besten einem Riemensattler. Beim Auflegen überblattet verbundener Riemen ist darauf zu achten, daß der Stoß mit der Scheibe und nicht gegen dieselbe läuft.

Die Länge der Überblattung (Abschärfung) wähle man für Riemen

von	4	5	6	7	8 mm Stärke.
ungefähr	100	125	150	175	200 mm

Verbindungen anderer Art — Hohlschrauben, Kopfschrauben, Haken, Krallen usw. — deren es eine Menge gibt, sollen für Ventilatorriemen nur notfalls und für dünne, schmale Riemen zur Anwendung gelangen.

Riemenscheiben für Schleudergebläse werden fast ausnahmslos aus Gußeisen hergestellt; Holzscheiben sind zu verwerfen.

Da die schnellaufenden Riemen stets etwas wandern, ist es ratsam, die Scheiben etwas ballig auszuführen, es sei denn, es handle sich um sehr breite. Nun findet man mitunter Ventilatorscheiben, die besonders ballig gehalten sind, was aber unzweckmäßig, weil kraftvergeudend ist. Beachtet man, daß der Riemen in seiner Längsrichtung auf den meist kleinen Scheiben einer starken Biegung unterworfen ist, so darf ihm füglich nicht zugemutet werden, auch noch seitliche Biegungen auszuführen. Bei starker Bombierung der Scheibe wird sich der Riemen dieser nicht anschmiegen, sondern abstehen; er wird also nur mit einem Teile seiner Breite wirken. Durch Versuche wurde ermittelt, daß ein Riemen bei einer Scheibenwölbung von 3 vH der Breite reichlich 10 vH seiner Auflagerfläche einbüßt. Die Scheibenwölbung soll keinesfalls 2 vH der Scheibenbreite überschreiten, besser darunterbleiben.

Hinsichtlich der Breite der Riemenscheiben schwanken die Angaben in den verschiedenen Lehrbüchern. Während die einen

durchwegs 10 mm zu allen Riemenbreiten zugeben, verlangen andere
1,1 Riemenbreite + 10 mm. Für breite Riemen ergibt die erstere Regel
entschieden zu schmale Scheiben, und da gerade beim Ventilatorbetrieb
eine reichliche Scheibenbreite angebracht ist, kann es wohl bei der
zweiten Regel sein Bewenden haben.

Fest- und Losscheiben sind bei Ventilatoren nur selten anzutreffen und dann allein auf besondere Bestellung hin. Handelt es
sich nicht um ganz niedrige Über- oder Unterdrücke, dann ist die
Umlaufzahl des Gebläses eine solch hohe, daß eines Zwischenvorge-
leges nicht zu entraten ist und dann ist es besser, dieses ein- und
auszurücken, was vorteilhaft mittels einer einzubauenden Reibungs-
kuppelung geschieht. Als nicht zu verkennender Vorteil einer Leer-
scheibe ist zu bezeichnen, daß dem Riemen dadurch Gelegenheit
geboten ist, während der Betriebspausen außer Spannung gesetzt zu
werden, er vermag sich »auszuruhen«.

Der bei Riemenbetrieben zu verzeichnende Arbeitsverlust kann
zu rund 2 vH der zu übertragenden Kraft jedes Riemens angenommen werden. Genaue Werte sind durch Messungen zu ermitteln.

Wellen und Achsen.

In der Hauptsache gelangen bei Schleudergebläsen Wellen zur
Anwendung; Achsen, als sog. Tragachsen ausgebildet, nur bei beiderseitiger Lagerung und Flügelrädern großen Durchmessers und Gewichtes,
also bei Ventilatoren und ausnahmsweise bei Exhaustoren mit beider-
seitigem Gaseintritt.

Wo Achsen Verwendung finden, handelt es sich stets nur um eine
Einzellast, die wohl ausnahmslos in der Mitte der Achse aufgebracht
wird. Es werden in nachstehenden Skizzen sonach auch nur diese beiden
Fälle berücksichtigt.

Als Material für Wellen und Achsen soll niemals nur Flußeisen
Verwendung finden; für größere Gebläse, insbesondere für solche, die
hohe Pressungen zu erzeugen haben, muß unbedingt guter Stahl genommen werden, der zweckmäßig an den Lagerstellen gehärtet wird.
Sog. ,,komprimierte Wellen« haben keine Berechtigung im Schleudergebläsebau, weil jede Verletzung der äußeren, der »komprimierten«
Schicht, wie dies beim Herstellen von Keilbahnen, Nuten und Lagerstellen nicht zu umgehen ist, Biegungen in der Längsachse hervorruft;
solche Wellen werden nie rund laufen, es sei denn, daß sie einer Nach-
bearbeitung unterzogen werden, was nutzlose Kosten verursacht.

Nach neuzeitlichen Erfahrungen ist es am besten, Wellen und Achsen
vorzudrehen oder zu schleifen, dann zu nuten, ev. zu härten und schließlich fertig zu schleifen. Das Befeilen auf der Drehbank ist zu unterlassen; gefeilte Wellen werden niemals absolut einwandfrei laufen.

Bezugszeichen.

Q = Last, kg
L = Länge, cm
$\left.\begin{matrix} a \\ b \\ c \end{matrix}\right\}$ = Teillängen, cm
$\left.\begin{matrix} A \\ B \end{matrix}\right\}$ = Auflagerdrücke, kg
M_b = Biegungsmoment, kg/cm
M_d = Dreh- oder Torsionsmoment, kg/cm
M_i = ideelles Biegungsmoment
k_b = zulässige Biegungsbeanspruchung, kg/cm
k_d = zulässige .Verdrehungsbeanspruchung, kg/cm

k_i = zulässige ideelle Biegungsbeanspruchung
W = Widerstandsmoment, kg/qcm
$\left.\begin{matrix} D \\ d \end{matrix}\right\}$ = Wellendurchmesser, cm
u = Umfangsgeschwindigkeit, m/sek.
W_p = polares Widerstandsmoment, kg/cbcm
δ = Verdrehungswinkel in Grad
J_p = pol. Trägheitsmoment in kg/cm⁴
G = Schubfestigkeitsmodul kg/qcm
A_r = Reibarbeit kg/sek
j = Reibungskoeffizient
x = Reibungsradius
q = Flächendruck kg/qcm.

Die Berechnung der Auflagerdrücke und der Biegungsmomente ist für Wellen und Achsen übereinstimmend. Als Hauptregel ist zu beachten:

1. Auflagerpunkt A (Lagermitte) als Drehpunkt gedacht:
$Q \cdot b$ (Moment rechts) $= B \cdot L$ (Moment links).

2. Auflagerpunkt B als Drehmoment gedacht:
$Q \cdot a$ (Moment links) $= A \cdot L$ (Moment rechts).

Bezeichnen:

Q, Q_1, Q_2 usw. die Belastungen in kg,
L, a, b, c usw. Längen in m,
A, B Auflagerdrücke in kg,

dann gelten für Abb. 12

$$A = Q \cdot \frac{a}{L} \qquad B = Q \cdot \frac{b}{L} \quad (44)$$

als Auflagerdrücke.

$M_b = A \cdot x$ bei I
$M_b = A \cdot b$ bei II als Momente.
$A + B$ muß Q ergeben.

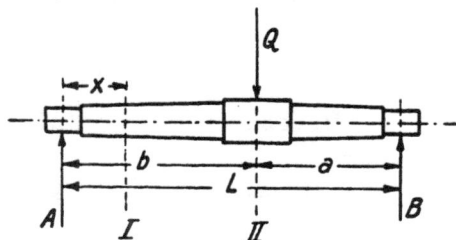

Die Biegungsbeanspruchung ist

Abb. 12.

$$k_b = M_b : W \text{ in kg/cm}^2 \quad \dots \dots \dots \quad (45)$$

und bei runden Querschnitten, wie sie hier allein vorkommen, ist

$$W = 0{,}1 \cdot d^3 \text{ in cm}^3.$$

Berechnung einer Tragachse: lt. Abb. 12.

$Q = 560 \text{ kg}, \qquad L = 95 \text{ cm}, \qquad b = 60 \text{ cm}, \qquad a = 35 \text{ cm}, \qquad D = 9 \text{ cm}$

so wird:

Auflagerdruck

$$A = 560 \cdot \frac{35}{95} = 206,3 \text{ kg},$$

Biegungsmoment $M_b = 206 \cdot 60 = 12360$ cm/kg,
Widerstandsmoment

$$W = 0,1 \cdot 9^3 = 72,9 \text{ cm}^3 \ldots \ldots \ldots \ldots (46)$$

Biegungsbeanspruchung $k_b = 12360 : 72,9 = $ rund 170 kg/qcm.

Wellen, wie auch Achsen sind im Ventilatorenbau aber auch zur Übertragung von Drehkräften zu berechnen.

Für Berechnungen auf Verdrehung gilt als Maßeinheit das zu übertragende Drehmoment M_d oder auch der Wert PS:n. Ferner bedeuten:

$R = $ Radius eines auf der Welle befestigten Rades, einer Riemenscheibe o. dgl. in cm,

$u = $ die sekundliche Umfangsgeschwindigkeit des Rades in m,

so wird die Umfangskraft

$$P = \frac{75 \cdot PS}{u} = \text{in kg} \ldots \ldots \ldots \ldots (47)$$

und da

$$u = \frac{R \cdot \pi \cdot n}{100 \cdot 30} \text{ in m/sek}$$

u in die Gleichung eingesetzt:

Umfangskraft $\quad P = \dfrac{75 \cdot PS \cdot 100 \cdot 30}{R \cdot \pi \cdot u} = 71620 \cdot \dfrac{PS}{R \cdot u}$ in kg (47a)

Daraus entwickelt sich das Drehmoment

$$M_d = P \cdot R = 71620 \cdot \frac{PS}{n} \text{ in kg/cm} \ldots \ldots (48)$$

Berechnung nur auf Drehbeanspruchung.

Sofern

$M_d = $ Kraft mal Hebelarm das Drehmoment in kg/cm darstellt und
$W_p = $ das polare Widerstandsmoment in cm³, dann wird die wirkliche Drehungsbeanspruchung $= M_d : W_p$ in kg/qcm.

Geht man von der zulässigen Beanspruchung k_d aus, dann ist das erforderliche $W_p = M_d : k_d$ in cm³ und das zulässige $M_d = W_p \cdot k_d$ in kg/cm.

Hieraus entwickelt sich folgende kleine Tabelle:

Beanspruchung $=$	210	270	350	500 kg/qcm
Durchm. $d =$	$12 \cdot \sqrt[3]{\dfrac{PS}{n}}$	$11 \cdot \sqrt[3]{\dfrac{PS}{n}}$	$10 \cdot \sqrt[3]{\dfrac{PS}{n}}$	$9 \cdot \sqrt[3]{\dfrac{PS}{n}}$ cm

Berechnung auf Verdrehungswinkel. Das Drehmoment betreibt die Verschiebung der einzelnen Teile eines Körpers gegeneinander.

Der **Verdrehungswinkel** wächst im Verhältnis der Stablänge und ergibt sich zu

$$\delta = \frac{180}{\pi} \cdot \frac{M_d}{J_p} \cdot \frac{L}{G} \text{ in Grad} \quad \dots \dots \dots (49)$$

worin bedeuten:

L = Länge in cm,
J_p = polares Trägheitsmoment in cm⁴,
G = Schubelastizitätsmodul, für Schmiedeeisen = 800000 kg/qcm.

Für den kreisförmigen Querschnitt ist

$$J_p = \frac{\pi}{32} \cdot d^4 = \text{rund } 0,1 \cdot d^4 \text{ in cm}^4 \quad \dots \dots (50)$$

Als **größter zulässiger Verdrehungswinkel** gilt $\frac{1}{4}°$ für den laufenden Meter, d. h.

$$\frac{1}{4} = \frac{180}{\pi} \cdot \frac{M_d}{0,1 \cdot d^4} \cdot \frac{100}{800000} \quad \dots \dots \dots (51)$$

und hieraus ermittelt sich

$$d = 0,734 \cdot \sqrt[4]{M_d} \text{ in cm} \dots (51)$$

Setzt man das Drehmoment $M_d =$
$= 71620 \cdot \dfrac{PS}{n}$ nach Gl. (48) ein, dann wird

der Wellendurchmesser

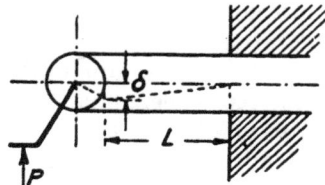

Abb. 13.

$$d = 12 \cdot \sqrt[4]{\frac{PS}{n}} \text{ in cm} \dots \dots \dots (51a)$$

Wie die Betriebsverhältnisse bei Schleudergebläsen liegen, ist immer mit Einzelbeanspruchungen zu rechnen, die sich einer ziffermäßigen Erfassung entziehen, und diese Tatsache rechtfertigt es, daß man nur eine geringe Beanspruchung k_d zuläßt und 210 kg/qcm nicht überschreitet. Sofern also nicht ganz geringe Biegungsbeanspruchung vorliegt, ist die Gleichung

$$d = \sqrt[3]{\frac{PS}{n}}$$

anzuwenden.

Soll einerseits die Beanspruchung $k_d = 210$ kg/qcm und anderseits der Verdrehungswinkel $\delta = \frac{1}{4}°$ nicht überschritten werden, dann müssen alle Wellen unter 120 mm Durchmesser oder PS : n ist kleiner als 1,00, besonders auf Verdrehung hin untersucht werden.

4*

Wellen, welche außer auf Verdrehung auch noch nennenswert auf Biegung beansprucht werden, wie solches namentlich bei größeren Ventilatoren durch die Flügelräder der Fall ist, sind auf zusammengesetzte Festigkeit zu berechnen. Hierfür gilt folgendes:

Ist, wie bekannt, M_b das Biegungsmoment und M_d das Torsions- oder Drehmoment, so bestimmt sich das resultierende oder ideelle Moment zu

$$M_i = 0{,}35 \cdot M_b + 0{,}65 \cdot \sqrt{M_b{}^2 + M_d{}^2} \ \cdots \cdots \ (52)$$

oder angenähert, gemäß S. 98 $M_i = 0{,}975 \cdot M_b + 0{,}249 \cdot M_d$ wenn M_b größer als M_d ist und $M_i = 0{,}624 \cdot M_b + 0{,}600 \cdot M_d$, wenn M_d größer als M_b ist. Der größte hierbei auftretende Fehler bleibt unter 4 vH und ist auf derartige Festigkeitsrechnungen ohne merkbaren Einfluß.

Die ideelle Biegungsbeanspruchung wird:

$$k_i = M_i : W \text{ in kg/qcm.}$$

Ein gutes Beispiel ist im Abschnitt »Kritische Umlaufzahlen« geboten.

Für Berechnung von Wellen und Achsen für Ventilatoren ist stets die größte Fördermenge bei höchstem Gesamtdruck zu berücksichtigen, was auch für kleine Schleudergebläse gilt, sofern nicht aus den Umständen als sicher gilt, daß kritische Umlaufzahlen überhaupt nicht auftreten.

Es bleiben nun noch die Zapfen zu besprechen, wie solche bei Ventilatorwellen und Achsen vorhanden sind. Es handelt sich hierbei vorwiegend um Stirn- und Halszapfen; Spur- und Kammzapfen sind nur vereinzelt und als untergeordnete Organe anzutreffen.

Da sowohl Hals- als Stirnzapfen nur als Lagerzapfen auftreten, sind auch die Enden nicht abgesetzter Wellen und Achsen als Lagerzapfen anzusprechen.

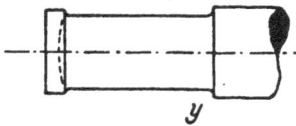

Abb. 14.

Abb. 15.

Die in Frage kommenden Zapfen sind immer aus Vollmaterial; Hohlzapfen kommen bei marktgängigen Schleudergebläsen gar nicht vor.

1. Stirnzapfen lt. Abb. Nr. 14—15. Die gebräuchliche Länge des Zapfens wird zu 1,5 bis 2,0 · d genommen, schließlich hängt die Bestimmung der Länge aber vom Zapfendruck und der zulässigen Druckbeanspruchung des Lagerschalenmateriales ab.

Der Stirnzapfen, sofern er an der Welle oder Achse abgesetzt ist, hat seinen gefährlichen Querschnitt bei y, weshalb die Übergangsstelle gut abgerundet sein muß. Für diese Abrundung hat sich bewährt:

$$r = \frac{3 + 0,07 \cdot d}{2} \quad \dots \dots \dots \dots \dots \quad (53)$$

z. B. wenn der Zapfendurchmesser 60 mm beträgt:

$$r = (3 + 0,07 \cdot 60):2 = \text{rund } 3,5 \text{ mm.}$$

Es bedeuten:

$P =$ Zapfendruck in kg,
$d =$ Zapfendurchmesser in cm,
$L =$ Zapfenlänge in cm,

dann errechnet sich das Widerstandsmoment für vollen Rundquerschnitt zu

$$W = \frac{\pi}{32} \cdot d^3 \text{ in cm}^3 \quad \dots \dots \dots \dots \quad (54)$$

und das Biegungsmoment:

$$M_b = P \cdot \frac{L}{2} \quad \dots \dots \dots \dots \quad (55)$$

und die wirkliche Biegungsbeanspruchung:

$$k_b = M_b \cdot W \text{ in cm}^3.$$

Es ist ratsam, für zulässige Biegungsbelastung diejenige für wechselnde Kraftrichtung nicht zu überschreiten, d. h.

für Flußeisen $k_b = 300$ bis 400 kg/qcm,
für Flußstahl $k_b = 400$ bis 500 kg/qcm.

Das mitunter gefährliche W a r m l a u f e n der Lager ist oft auf mangelhafte Konstruktion und Ausführung, sowie die Wartung zurückzuführen; das trifft sowohl auf die Zapfen, wie auf die Lager bzw. deren Schalen zu. Als vornehmliche Fehlerquellen sind anzusehen:

zu hoher Flächendruck,
zu großé Reibungsarbeit infolge übergroßer Umfangsgeschwindigkeit,
Schläge und Federung der Welle,
unzweckmäßiges Lagerschalenmaterial und
mangelhafte Schmierung.

Die R e i b u n g d e s Z a p f e n s im Lager erzeugt Wärme, und zwar ist die Reibungsarbeit

$$A_r = \mu \cdot j \cdot P \cdot x \cdot \frac{\pi \cdot n}{30} \text{ in Sekmkg} \quad \dots \dots \quad (56)$$

worin

$P =$ Zapfendruck in kg,
$j =$ Reibungskoeffizient,
$x =$ Reibungsradius,
$n =$ minutliche Umdrehungszahl des Zapfens.

Da nur zylindrische Zapfen in Betracht kommen, gilt für diese, wenn

$r = $ Zapfenradius in cm,
$q = $ Flächendruck in kg/qcm,
$x = $ Reibungsradius in m,
$M = $ Reibungsmoment in mkg.

Flächendruck $q = \dfrac{P}{2 \cdot r \cdot L}$ in kg/qcm . . . . . . (57)

Reibungsradius $x = 1{,}27 \cdot R$ in m . . . . (58)

Reibungsmoment $M = j \cdot P \cdot 1{,}27 \cdot R$ in mkg . . (59)

Dividiert man die Reibungsarbeit A_r in Sekmkg durch 424 (mechanisches Wärmeäquivalent), also $\dfrac{A_r}{424}$, so ergibt sich diejenige Anzahl Kalorien (Wärmeeinheiten), welche an die das Lager umgebende Luft oder durch irgend welche Kühlung in der Sekunde abgegeben werden müssen.

Unter der nicht unberechtigten Annahme, daß die Fähigkeit der Wärmeableitung direkt proportional mit der Größe des Zapfens zu- oder abnimmt, kann der zulässige Reibungsbetrag auf den qcm Zapfenfläche bezogen werden.

Es ermittelt sich dann unter Verwendung der bereits bekannten Bezugszeichen:

Flächendruck $q = \dfrac{P}{d \cdot L}$ in kg/qcm . . . . . . (60)

und Geschwindigkeit der Reibfläche

$$c = \frac{d}{100} \cdot \frac{\pi \cdot n}{60} \text{ in m/sek}$$

und die Reibungsarbeit $A_r = 1{,}27 \cdot q \cdot c$ in Sekmkg.

Der Reibungskoeffizient μ schwankt, und zwar nach vielfachen Versuchen im Mittel

$\mu = 0{,}075$ für neue Zapfen,
$\mu = 0{,}04$ für gut eingelaufene Zapfen.

Als gute Werte für den Flächendruck q können gelten:

Zapfenmaterial	Lagerung	q_{max}
Gehärt. Stahl	gehärteter Stahl	150 kg/qcm
desgl.	Rotguß	90 »
desgl.	Weißmetall	75 »
Ungehärt. Stahl	Rot- od. Weißguß	60 »
Schmiedeeisen	desgl.	40 »

Als zulässige Reibungsgröße A_r in Sekmkg pro qcm Lagerfläche kann angesehen werden, je nachdem dem Zapfen die Wärme entzogen wird:

$$A_r = 0{,}5 \text{ bis } 1{,}3.$$

Die Berechnung der Halszapfen erfolgt in derselben Weise, wie diejenige der Stirnzapfen.

Spurzapfen und vollends Kammzapfen gelangen bei Ventilatoren nur selten zur Anwendung, und zwar stets zur Abfangung des Seitenschubes, wie solcher bei einseitig saugenden Gebläsen auftritt. Derselbe nimmt bei größeren Schleudergebläsen und hoher Eintrittsgeschwindigkeit mitunter Werte an, die nicht vernachlässigt werden dürfen.

Angenommen, es handle sich um eine Einströmöffnung von 1,2 qm und eine Eintrittsgeschwindigkeit der Luft von 30 m/s, so lastet auf der hinteren Flügelradwand ein Druck von rd. 118 kg.

Dieser Druck wird gemeinhin dadurch abgefangen, daß man die Welle an den Lagerstellen mit aufgeschrumpften Bunden dergestalt versieht, daß diese in Aussparungen der Lagerschalen eingreifen und so zuverlässige Stellringe darstellen. Diese Anordnung gewährleistet auch gleichzeitig eine ausgiebige Schmierung der anliegenden Bunde.

Neuerdings werden auch Kugelstützlager verwendet, zumal, wenn auch sonst Kugellager vorgesehen sind. Man bedient sich indes auch der Stützzapfen, und zwar meist in einer der folgenden Abb. Nr. 16 gleichen oder ähnlichen Anordnung.

Aber auch bei beiderseitig ansaugenden Schleudergebläsen, d. h. den eigentlichen Ventilatoren, findet man oftmals Stützlager, die freilich wenig beansprucht sind, weil ihnen nur obliegt, ein Wandern des Flügelrades zu verhindern. Ein Wandern der Welle und mit dieser natürlich auch des Flügelrades wird meist durch ein Wandern

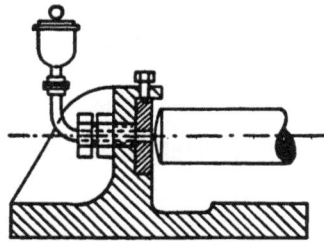

Abb. 16.

des Riemens herbeigeführt, sofern die Welle an ihren Lagerstellen nicht abgesetzt oder mit den vorstehend erwähnten Bunden ausgestattet ist.

Es bedeuten:

$x =$ den mittleren Radius der Reibungsflächen in cm,

$f =$ die Reibungsfläche abzüglich der Schmiernuten in qcm,

dann gilt:

$$x = 0,5 \cdot R \text{ und } f = 0,8 \cdot \pi \cdot R^2.$$

Die mittlere Geschwindigkeit der Reibungsfläche beträgt:

$$c = \frac{x \cdot \pi \cdot n}{100 \cdot 30} \text{ in m/sek.} \ldots \ldots \ldots \ldots (61)$$

Der Flächendruck

$$q = \frac{P}{f} \text{ in kg/qcm} \ldots \ldots \ldots \ldots (62)$$

und die Reibungsarbeit für den qcm Spurfläche $= q \cdot c \cdot \mu$ in Sekmkg.

Zulässig für den Flächendruck sind:

$$q_{max} = \text{für gute Ausführung} \quad 100 \text{ kg/qcm,}$$
$$\text{für beste Ausführung} \quad 150 \text{ kg/qcm.}$$

Beispiel: $P = 250$ kg, $d = 4$ cm, dann ist:
$$f = 0,8 \cdot 3,14 \cdot 2^2 = 10,0 \text{ qcm und}$$
$$q = 250 : 10 = 25 \text{ kg/qcm}$$

mithin sehr gering.

Für sorgfältige Schmierung des Stützzapfens sind geeignete Vorkehrungen zu treffen.

Als Kammzapfen sind auch die vorstehend erwähnten aufzufassen und ist deshalb kurz auch noch die diese betreffende Berechnung durchzuführen.

Bezeichnet:

$P =$ Axialdruck in kg,
$D =$ Durchmesser des Bundes in cm,
$d =$ Durchmesser der Welle in cm,
$z =$ Anzahl der Bunde,

dann ist die Größe der Druckfläche

$$f = z \cdot \frac{\pi}{4} \cdot (D^2 - d^2) \text{ in qcm.}$$

Der Flächendruck ist $q = P : f$ in kg/qcm und die mittlere Geschwindigkeit der Reibfläche, wie beim Spurzapfen

$$c = \frac{x \cdot \pi \cdot n}{100 \cdot 30} \text{ in m/sek.}$$

Der Reibungsradius

$$x = \frac{D + d}{4} \text{ in cm.}$$

Für sorgfältige Ausführung ist zulässig

$$q_{max} = 25 \text{ kg/qcm,}$$

was einer Reibungsarbeit $A_r = 1,0$ Sekmkg für 1 qcm Tragfläche entspricht.

Lager und Lagerböcke.

Von den vielerlei Lagerarten kommen für Schleudergebläse lediglich Steh-, Konsol- und vereinzelt Stützlager in Betracht. Das Stehlager überwiegt; Konsollager finden mitunter bei beiderseitig ansaugenden Gebläsen, also bei Hochdruckventilatoren Verwendung und zwar bei kleineren oder wenn es auf besonders schmale Bauart ankommt. Stützlager haben ausschließlich, wie an anderer Stelle bereits ausgeführt, den bei einseitig saugenden Schleudergebläsen auftretenden Axialschub aufzunehmen.

Eine weitere hier zu berücksichtigende Einteilung der Lager ist diejenige in Gleit- und in Kugellager; Rollenlager scheiden aus.

Soweit Gleitlager in Frage kommen, werden diese jetzt stets mit Ringschmierung versehen, da sich diese allen anderen Schmierarten als überlegen erwiesen hat. Es möge auch gleich an dieser Stelle darauf hingewiesen sein, daß für Gebläse, welche heiße Gase zu fördern haben, z. B. Rauchgase aus Schmieden mit Öfen, Saugzuganlagen usw. häufig die Lager mit Wasserkühlung versehen werden müssen und haben sich hierfür die Sonderausführrungen der BAMAG und anderer erstklassiger Lagerfabriken trefflich bewährt, wie es denn überhaupt ratsam erscheint, Lager für Schleudergebläse fertig zu beziehen, wie dies für Kugellager ohnedies schon der Fall ist. Nur ganz selten wird es erforderlich werden, für einen Ventilator oder Exhaustor die Lager eigens zu konstruieren und anzufertigen.

Da diese käuflichen Lager bekanntlich — in neuerer Zeit nach den DIN-Normen — in ihren Hauptabmessungen übereinstimmen und jeweils nur bestimmte Lagerpressungen zulassen, sofern gefährliches Warmlaufen verhindert werden soll, bleibt dem Gebläsekonstrukteur nicht erspart, alle für richtige Wahl der zu beschaffenden Lager nötigen Faktoren zu berechnen. Er kann dann u. a. finden, daß selbst eine für kritische Umlaufzahl ermittelte Welle an den Lagerstellen insofern doch noch zu schwach ist, weil für den errechneten Zapfendurchmesser die tatsächliche Schalenlauflänge zu kurz ist. Es bleibt in solchem Falle, will man die Anfertigung eines besonderen Lagermodelles usw. vermeiden, nichts anderes übrig, als die Welle, bezw. wenn angängig, den oder die Lagerzapfen soweit zu verstärken, bis eines der käuflichen Lager hinsichtlich Länge der Schalen als genügend erscheint. Man sei vorsichtig und wähle hierbei stets nach oben!

Was die Berechnung selbst anbelangt, so sind alle hierfür nötigen Angaben im Abschnitt Wellen und Achsen gegeben.

Lager mit Kugelbewegung der Schalen sind starren schon deshalb vorzuziehen, als sie Montage der Welle samt Flügelrad erleichtern und in Fällen, wo eine leichte Durchbiegung der Welle eintritt, dieser durch Selbsteinstellung gerecht zu werden vermag. Lager, welche eine Einstellung der Schalen allein senkrecht zur Achse erlauben, sind völlig zwecklos, da bei ihnen der praktische Begriff „Selbsteinstellung" ganz in Wegfall kommt.

Bei den vorbildlichen BAMAG-Sparlagern, wie den übrigen gleichwertigen, verhält sich die Länge der tatsächlichen Lagerlauffläche zum Wellendurchmesser bei den kleineren Lagern wie 4,5 bis 3,5 zu 1 und bei den größeren, soweit sie für marktgängige Schleudergebläse zur Verwendung gelangen, wie 3,75 bis 3,5 zu 1. Die Auflagerfläche ist mithin sehr groß und wird bei sorgfältiger Ausführung der Wellenzapfen ein Warmlaufen nicht zu befürchten sein.

Ein besonderes Augenmerk ist darauf zu richten, daß die Lager kein Öl austreten lassen. Bei anderen, insbesondere Transmissionsbetrieben, ist dies eine Selbstverständlichkeit und wird heute bei allen als brauchbar anzusprechenden Lagern gewährleistet. Bei Ventilatoren liegen die Verhältnisse aber in dieser Beziehung ganz anders, ungünstiger.

Die Lager befinden sich mehr oder minder nah an der oder den Saugstellen, in welche die Luft bis zu 30 m/sek, sogar darüber eintritt. Der hierdurch erzeugte Zug wirkt saugend auf das in den Lagern zirkulierende Schmieröl und zwar um so kräftiger, je näher das Lager sich an der Saugöffnung befindet. Daß kein Öl in das Schleudergebläse gelangen darf, liegt auf der Hand; aber fast noch schlimmer ist es, wenn den Lagern das Schmieröl entzogen wird und Heißlaufen und Fressen die Folgen sind, denn gerade weil es sich um Ringschmierlager handelt, unterzieht man diese minder oft einer Prüfung. Es ist ratsam, vor Bestellung der Lager, sich seitens der Fabrik über diesen Punkt Garantien und ev. Vorschläge geben zu lassen. Als brauchbares Mittel, das Absaugen des Öles zu verhindern, hat sich, wo hinlänglich Platz zur Verfügung steht, das Aufbringen eines Stellringes mit Spritzrille bewährt. Die äußeren Flächen neuzeitlicher Ringschmierlager erhalten bekanntlich keinerlei Öl und eignen sich deshalb auch nicht für das Anliegen umlaufender Stellringe. Man setzt deshalb Stellringe dergestalt ab, daß sie durch die Ölkammern hindurch bis zur Lagerlauffläche reichen und werden dort mit je einem Spritzring versehen.

Zur Verwendung gelangen nur noch geteilte Lagerschalen; ungeteilte, also Futter oder Buchsen, sind nicht mehr gebräuchlich. Ein früher sehr beliebtes Ventilatorenlager von Sturtevant (siehe »Der Konstrukteur« von Reuleaux, 4. Aufl. Seite 274) ist heute unmöglich.

Wie auf anderen Gebieten, so machen auch im Ventilatorenbau die Kugellager den Gleitlagern mehr und mehr Konkurrenz. Für kleinere, somit besonders schnellaufende Schleudergebläse eignen sich die Kugellager zweifellos vortrefflich und verdienen den Vorzug vor Gleitlagern; auch da noch, wo auf weitgehende Raumbeschränkung Rücksicht zu nehmen ist. Für größere, schwere Schleudergebläse und vornehmlich bei Förderung heißer Gase, decken sich die Ansichten nicht. Es sind der tüchtigen Fachleute nicht wenige, die hier den Gleitlagern den unbedingten Vorrang lassen. Auf die Ausführungen der im Wettbewerb stehenden Fabrikanten (Gleit- und Kugellager) darf man füglich nicht unbedingt vertrauen, wenigstens nicht, falls nicht weitgehende Gewährleistungen geboten werden. Es bezieht sich dies insbesondere auch betr. Verwendung von Kugellagern, falls heiße

Gase gefördert werden. Der Kostenpunkt spielt selbstverständlich auch eine gewichtige Rolle.

Der Hauptvorzug des Kugellagers gegenüber dem Gleitlager ist in seinem beträchtlich geringeren Reibungsverlust zu erblicken. Die Reibungsziffer guter Laufring- und Stützkugellager stellt sich nach eingehenden Versuchen des Prof. Stribeck auf nur 0,001 bis 0,002. Kugellager heischen auch geringere Wartung und Ölverbrauch auf als Gleitlager; dies trägt aber zu wenig aus, als daß es bei der Wahl ausschlaggebend sein sollte. Da bei hohen Umlaufzahlen lose Schmierringe erwiesenermaßen ins Schleudern und Gleiten geraten, wodurch die Gründlichkeit und Gleichmäßigkeit der Schmierung ungünstig beeinflußt wird, gibt der Verfasser anläßlich seiner langjährigen Erfahrungen den Kugellagern unter sonst gleichen Verhältnissen bei 3000 und mehr minutlichen Touren den Vorzug.

Wer nicht ausreichende Erfahrungen in Anwendung und Einbau von Kugellagern besitzt, sollte sich zunächst unter genauer Angabe aller Erfordernisse an eine der vielen Kugellagerfabriken guten Rufes wenden und diese um zweckentsprechende Vorschläge bitten. Er kann sicher sein, daß seinem Ersuchen ausgiebig entsprochen wird und zudem bleiben ihm Mißerfolge erspart.

Als Lagerböcke sind sowohl gußeiserne, wie auch schmiedeeiserne im Gebrauch. Daß man für Gußgehäuse auch gußeiserne Lagerböcke nimmt, erscheint selbstverständlich und für Blechgehäuse empfehlen sich Lagerböcke aus Eisenkonstruktion, obschon auch gußeiserne anzutreffen sind; über Geschmack läßt sich bekanntlich nicht streiten. Wo es sich um Einzelanfertigung eines Schleudergebläses mit Blechgehäuse handelt, wird man wohl ausnahmslos zur Konstruktion eines schmiedeeisernen Lagerbockes schreiten, schon um die beträchtlichen Kosten für das Modell eines Gußstückes zu vermeiden.

Als Material für derartige Lagerböcke kommt Profileisen, namentlich Winkeleisen, in Betracht und entsprechend starkes Flach- oder Konstruktionseisen, sowie kräftiges Blech. Einige dem Handbuche beigefügte Abbildungen ausgeführter Schleudergebläse zeigen schmiedeeiserne Lagerböcke, wie solche zweckdienlich und deshalb gebräuchlich sind.

Die Flügelräder und deren Schaufelung.

Die Hauptsache eines Schleudergebläses ist dessen Flügelrad. Soweit Schleudergebläse nicht ausschließlich in dem Sinne zur Erzeugung von Luftwechsel, also zur Lüftung von Räumen Verwendung finden — und auch da lassen sich viele Ausnahmen feststellen — werden die Flügelräder von Gehäusen umgeben, was ehedem nicht der Fall war. Diese gehäuselosen Ventilatoren hatten durchwegs außerordentlich niedrige

Nutzungswerte aufzuweisen, erhielten sich aber trotzdem weitaus länger, als eigentlich anzunehmen war. Alle aber hatten Zuführungen, welche sich an die ein- oder beiderseitigen inneren lichten Raddurchmesser anschlossen, während das mit wenigen Schaufeln ausgestattete Flügelrad ins Freie ausblies. Die Schaufeln waren meist durchwegs, also von der inneren Öffnung des Rades bis zu dessen äußerem Umfang, radial. Da hier keine Geschichte der Schleudergebläse und deren Entwicklung geboten werden soll, genüge zu sagen, daß sich im Laufe der Zeit zwar weniger die äußere Gestaltung der Flügelräder, als diejenige der Schaufeln änderte. Die Form der Schaufeln, richtiger gesagt ihrer Austrittswinkel, beeinflußt den Wirkungsgrad eines Ventilators nicht unerheblich und verdient sonach vollste Beachtung.

Prüft man die Kataloge der verschiedenen Ventilatorenfabriken, so ist leicht festzustellen, daß hinsichtlich des Verhältnisses: äußerer zum inneren Flügeldurchmesser, jegliche Übereinstimmung mangelt, trotzdem die Praxis gelehrt hat, daß sich ein solches sehr wohl einhalten läßt. Man bleibt innerhalb guter Grenzen, wenn man folgende Regel beobachtet:

Da zuerst der lichte Flügelraddurchmesser, die Saugöffnung bestimmt werden muß, liegt es auf der Hand, daß der äußere Raddurchmesser von jenem abhängig ist. Daß mit dem von Rateau festgelegten Verhältnis, $D_2 = 1{,}67 \cdot D_1$ nicht für alle Fälle auszukommen ist, wurde an anderer Stelle bereits betont. Es empfiehlt sich zu setzen:

für Pressungen bis zu 100 mm WS . . . $D_2 = D_1 \cdot 1{,}3$ bis $1{,}4$

» » von 100 bis 200 mm WS . $D_2 = D_1 \cdot 1{,}6$ bis $1{,}7$

» » über 200 mm WS . . . $D_2 = D_1 \cdot 1{,}8$ bis $2{,}0$

und kann bei sehr hohen Pressungen noch darüber hinausgegangen werden.

Es gibt o f f e n e und g e s c h l o s s e n e Flügelräder, solche mit einseitiger und solche mit beiderseitiger Eintrittsöffnung. Offene Flügelräder besitzen nur eine Scheibenwand, an welcher die nach der Saugöffnung hin freistehenden Schaufeln gut befestigt sind. Solche Schaufeln, die in geringerer als sonst üblicher Anzahl und zudem durchaus radial zum Einbau gelangen, findet man bei pneumatischen Förderanlagen von Spänen, Lumpen, Gespinstabfällen u. dgl., wo ein Hängenbleiben des Fördergutes zu befürchten steht. Es ist aber nicht einzusehen, weshalb sich das Gut an derart offenen Schaufeln weniger anhängen soll, als an geschlossenen. Gerade auf diesem Gebiete hatte Verfasser viele Jahre hindurch reichste Gelegenheit, praktische Erfahrungen zu sammeln und diese gipfeln darin, daß unter Anwendung nur weniger, aber mit richtigem Einlaufwinkel versehener und radial endender g e s c h l o s s e n e r Schaufeln bessere Resultate herbeizuführen sind als mit offenen. Sind die Schaufelkanäle weit genug und glatt, dann ist jegliches Hängenbleiben von Spänen usw. ausgeschlossen und der Wirkungsgrad des Exhaustors ist überdies ein günstigerer.

Es gibt eine ganze Anzahl Schaufelformen, deren gerühmte Eigenschaften indes in der Praxis meist nicht hervortreten. Grundlegend und zur Erläuterung der Theorie kommen nur Schaufeln mit graden (radialen), mit nach vorwärts (in der Umlaufrichtung) und nach rückwärts gebogenen Auslaufenden in Berücksichtigung gemäß folgenden Abbildungen (Abb. 17 a—e).

Die Gestaltung der Schaufeln bedarf einer eingehenden Besprechung, die in gesondertem Abschnitt zu finden ist (S. 74, 79). Einstweilen genügt es hervorzuheben — richtige Eintrittswinkel vorausgesetzt —, daß bei gleicher minutlicher Umdrehungszahl ein Schleudergebläse mit nach vorn

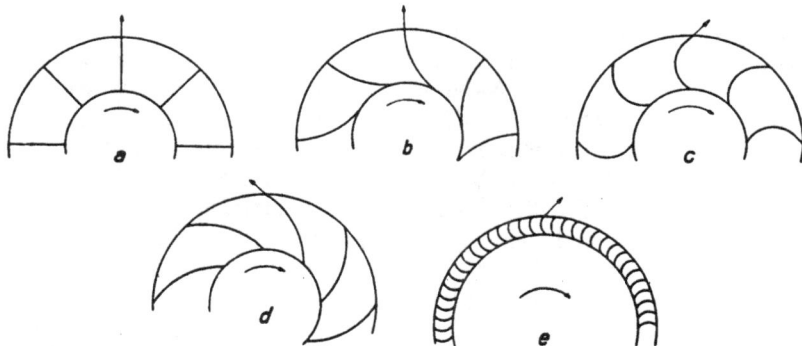

Abb. 17 a—e.

gekrümmten Schaufeln eine höhere, mit nach rückwärts gekrümmten eine geringere Gesamtpressung (Über- oder Unterdruck) erzeugt, als ein solches mit radialen Schaufeln.

Die Anzahl der Schaufeln ist auch von Wichtigkeit und trotzdem bestehen hierfür noch keine zuverlässigen Regeln. Die von älteren Fachschriftstellern gebotenen geben mitunter Resultate, die ohne weiteres eine Verwendung ausschließen.

Viele Schaufeln vermögen die eintretenden Gasmengen gut zu verteilen und wirken schädigenden Wirbelbildungen entgegen, vermehren anderseits aber die Reibungsverluste und verteuern die Herstellung der Gebläse. Eine bewährte Schaufelteilung erhält man nach folgender Gleichung:

$$t = \frac{D_1 \cdot \pi}{x} \qquad \dots \dots \dots \dots \dots \dots (63)$$

worin zu setzen ist:

$x =$ für kleinere Schleudergebläse . . 70 bis 90
   » mittlere   » . . 100 » 130
   » große   » . . 130 » 150 und mehr.

Namentlich in Fällen, wo es sich um Erzeugung höherer Pressungen handelt, also wenn $D_2 = D_1 \cdot 1,8$ und mehr, würden nach vorstehenden Leitlinien die Abstände zwischen den einzelnen Schaufelenden sehr groß werden; man hilft sich hier durch Einbauen von Hilfsschaufeln, die nicht bis zur lichten Radöffnung, sondern nur soweit geführt werden, als erforderlich, um dem Schaufelkanal die nötige Weite zu geben. Derartige Hilfsschaufeln werden auch nicht mit der Nabe, sondern lediglich mit den Radwänden verbunden.

Die Ventilatoren-Tabelle auf S. 9 läßt erkennen, welche Anzahl Haupt- und Hilfsschaufeln für die einzelnen Gebläsegrößen zu nehmen sind.

Trommelflügel erhalten ganz erheblich mehr Schaufeln als die vorbesprochenen.

Für jedes Flügelrad ist zunächst eine Nabe nötig, die am besten aus Stahlguß angefertigt wird. Handelt es sich um einseitig ansaugende Gebläse, dann wird diese Nabe mit der scheibenförmigen Rückwand des Flügelrades verbunden. Die Vorderwand des Rades, gleich der hinteren aus kräftigem Blech erstellt, bildet einen Kegelstumpf, da sie die Einströmöffnung zu bieten und anderseits die Schaufelkanäle nach vorn zu abzuschließen hat. Ist die Austrittsgeschwindigkeit der Gase aus dem Flügelrade eine größere als die Eintrittsgeschwindigkeit, was beinahe immer zutrifft, dann müssen sich die Schaufelkanäle gegen den äußeren Umfang des Rades hin in axialer Richtung verjüngen und dies bedingt die Ausgestaltung der vorderen Flügelradwand zum Kegelstumpf.

Handelt es sich um einen beiderseitig ansaugenden Ventilator, dann wird die Nabe oftmals als Armkreuz ausgeführt; an den Armen werden die Schaufeln befestigt. Die Seitenbleche des Flügelrades werden übereinstimmend mit der vorbeschriebenen Vorderwand des einseitig ansaugenden Schleudergebläses ausgeführt. Bei dieser Gestaltung macht sich aber der Übelstand bemerkbar, daß die von beiden Seiten einströmenden Gasmengen aufeinanderprallen und durch das Kreuz der Nabe in Wirbelungen versetzt werden, die den manometrischen Effekt herabmindern. Es ist sonach besser, die Nabe aus zwei Teilen anzufertigen und in deren Mitte in Größe der Saugöffnungen eine kräftige Scheibe einzubauen, die sodann mit den Schaufeln in Verbindung gebracht wird. Selbstverständlich sind die Schaufelbleche auch mit den Seitenwänden zu vereinigen, und zwar hat dies durch sorgfältige Nietung oder elektrische Punktschweißung zu geschehen. Da Wert darauf zu legen ist, die Schaufelkanäle möglichst glatt zu halten, sind bei Nietung Linsenköpfe oder Versenkniete zu verwenden; die Schellköpfe, die nach außen zu liegen kommen, müssen auch tunlichst niedrig gehalten werden. Autogene Schweißung hat sich für Erstellung von Flügelrädern schon deshalb nicht bewährt, weil ein Verziehen des Rades hierbei nicht zu umgehen ist und partielle Spannungen entstehen, die sich im Betriebe mitunter recht unangenehm auswirken.

Wie Flügelräder für ein- und beiderseitig ansaugender Schleudergebläse beschaffen sein sollen, zeigen am besten die beiden vorstehenden Schnitt-Skizzen. Aus denselben ist auch zu ersehen, daß die Gestaltung der Naben und deren Anschluß an die Schaufeln eine möglichst schlanke Überführung der axial eintretenden Gase in die radiale Richtung gewährleisten, eine Bedingung, die leider nur zu häufig nicht erfüllt wird.

Ferner ist wohl zu beachten, daß in allen den Fällen, wo die Schaufeln zur Nabe herabgezogen werden, der lichte Durchmesser kleiner

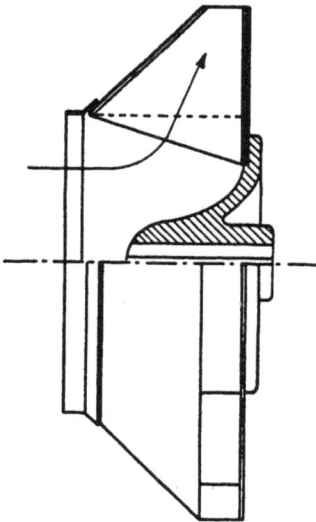 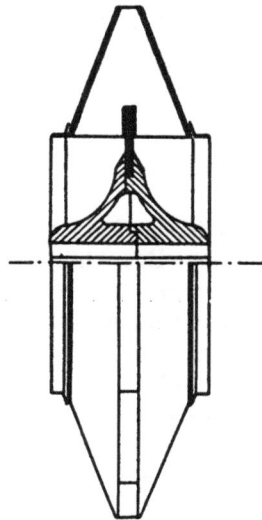

Abb. 18.   Abb. 19.

ist als an der Einströmung. Folglich besteht auch eine Differenz in der Umfangsgeschwindigkeit und dieser muß der Schaufelwinkel angepaßt sein; er wird von jenem am Einlaß abweichen und muß genau bestimmt werden.

Eine besondere Art der Flügel sind die sog. Trommelräder, wie solche zuerst bei den »Sirocco-Gebläsen« zu finden waren. Diese Flügelräder weisen einen großen inneren und relativ kleinen äußeren Durchmesser auf, woraus hervorgeht, daß die Schaufeln in radialer Richtung nur kurz sein können. Die Trommeln sind lang und.gleichfalls die Schaufeln, deren Zahl eine beträchtliche ist. Sie finden sich als nach vorwärts, wie auch nach rückwärts gebogen. Derartige Trommelflügelgebläse eignen sich vorzüglich zur Förderung beträchtlicher Luftmengen, vermögen aber nur geringe Pressungen zu erzeugen und eignen sich eigentlich nur für Lüftungsanlagen mit geringen Widerständen. Die Berechnung derartiger Gebläse erfolgt grundlegend nach denselben Regeln, wie solche im Handbuch zu finden sind.

Da es aus mannigfachen Gründen unmöglich ist, ein Flügelrad so fertigzustellen, daß keinerlei Unbalance auftritt, d. h. der Schwerpunkt des Ganzen genau innerhalb der Wellenachse liegt, muß ein sorgfältiges Auswuchten erfolgen. Hierüber und über die in neuerer Zeit gebauten Auswuchtmaschinen und deren Methoden soll ein besonderer Abschnitt berichten.

Sind säurehaltige Gase, überhaupt solche, die Eisen sofort oder auf die Dauer angreifen, vorhanden, dann müssen andere Baustoffe Verwendung finden, oder das ganze Rad und das Gehäuseinnere erhalten einen Schutzüberzug.

Abb. 20. Trommelflügel.

Die innere und äußere Breite der Schaufeln, bzw. die Bestimmung der Schaufelkanäle, ist für jedes Schleudergebläse von Wichtigkeit, weil die zu erreichenden Druckhöhen mit beeinflußt werden, und eine ordnungsgemäße Strömung der Gase von ihnen abhängig ist.

Wennschon im allgemeinen das graphische, zeichnerische Verfahren beim Konstruieren und Berechnen von Schleudergebläsen seiner Anschaulichkeit halber sehr anzuraten ist, so erweist es sich bei der Bestimmung von Schaufelkanälen, Ein- und Auslaßwinkeln und der sich hieraus ergebenden Gasgeschwindigkeiten als beinahe unentbehrlich. Zum besseren Verständnis der nachfolgenden Ausführungen diene die folgende Abbildung (Seite 65).

Wegen Berechnung der verschiedenen Schaufelwinkel und deren Einfluß auf die Strömungsgeschwindigkeiten sei auf die noch folgenden Sonderabschnitte verwiesen.

Die angesaugten Gasmengen müssen möglichst stoßfrei, also radial in das Flügelrad eintreten und verteilen sich dann gleichmäßig auf die Schaufelkanäle.

Angenommen werde ein Niederdruckexhaustor mit einem äußeren Flügelraddurchmesser $D_2 = 500$ mm einer einseitigen Saugöffnung, gleich dem lichten Flügelraddurchmesser $D_1 = 320$ mm, 8 Schaufeln und einer Fördermenge von $V = 1,58$ cbm/sek. Es entfallen mithin auf jeden Schaufelkanal 0,1957 cbm/sek.

Da der lichte Raddurchmesser 320 mm beträgt, was einem Umfange von 1005 mm entspricht, kommt auf jeden Kanal eine Teillänge von 1005:8 = rund 126 mm oder nach Abzug der Blechdicke 125 mm Bogenmaß.

Für den Eintrittsquerschnitt kommt lediglich diese in Betracht, wie bei folgender Erwägung leicht einzusehen ist.

Durch das einströmende Gas wird der Raum des lichten Rad-inneren gefüllt und tritt das Gas am ganzen inneren Radumfang in die Schaufelkanäle mit der ihm eigenen Geschwindigkeit ein, entgegen seinem Austritte am Radumfange, woselbst nicht mehr die auf die Schaufelteilung entfallende Bogenlinie, sondern deren Sehne in Rech-nung zu stellen ist, d. h. für den Gasaustritt ist nicht der Umfang des Radäußeren, sondern ein dem Kreise eingeschriebenes Polygon maßgebend, dessen Seitenzahl jener der Schaufeln entspricht.

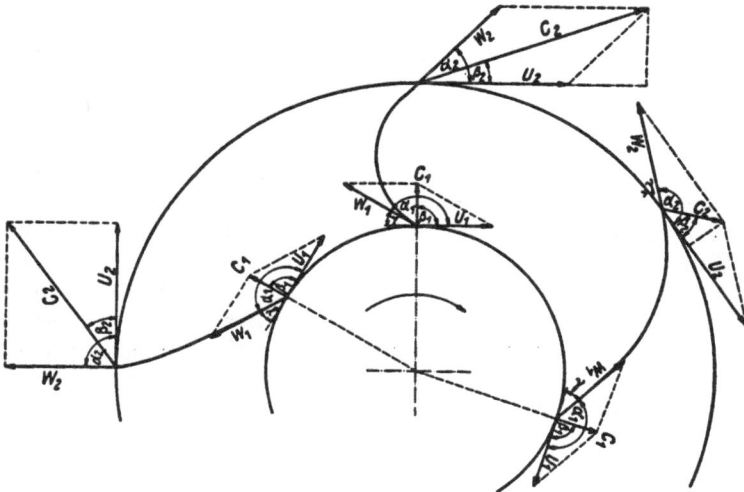

Abb. 21.

Hieraus folgt, daß für die Bemessung des Eintrittsquerschnittes eines Schaufelkanals stets die absolute Gaseintrittsgeschwindigkeit c_1 einzusetzen ist, während für den Austrittsquerschnitt nur die Relativ-geschwindigkeit w_2 Verwendung finden darf. Da ein neueres Handbuch von dieser Grundregel insofern abweicht, als es auch die absolute Austritts-geschwindigkeit c_2 zuläßt, erscheint folgende Erläuterung notwendig.

Wie vorstehend bereits begründet, kann für den Einlaßquer-schnitt nur die Eintrittsgeschwindigkeit, d. h. die absolute Geschwindig-keit c_1 in Frage kommen. Aus ihr und der inneren Radumfangsgeschwin-digkeit u_1 bildet sich die Relativgeschwindigkeit w_1 nach

$$w_1 = \sqrt{c_1{}^2 + u_1{}^2} \dots \dots \dots \dots \quad (64)$$

sofern es sich um radialen Gaseintritt handelt, wie dies sein soll. Für den vorliegenden Fall ergibt sich mithin

$$w_1 = \sqrt{19{,}65^2 + 29{,}24^2} = 35{,}2 \text{ m/sek.}$$

Angenommen, die Austrittsgeschwindigkeit bleibe dieselbe, so müßte theoretisch der Austrittskanal denselben Querschnitt aufweisen wie der des Eintrittes, denn für die Strömungsgeschwindigkeit innerhalb des Kanales kommt nur die Relativgeschwindigkeit w in Betracht. Die absolute Geschwindigkeit c_2 bildet sich nach Ausweis der Diagramme erst außerhalb des Rades, und zwar aus der Relativ- und Umfangsgeschwindigkeit. Für radiale Endung der Schaufeln gilt

$$c_2 = \sqrt{w_2{}^2 + u_2{}^2} \quad \dots \dots \dots \dots \dots \quad (65)$$

für nach vorn gekrümmte:

$$c_2 = \sqrt{w_2{}^2 + u_2{}^2 + 2 \cdot w_2 \cdot u_2 \cdot \cos \alpha_2} \quad \dots \dots \quad (66)$$

für nach rückwärts gekrümmte:

$$c_2 = \sqrt{w_2{}^2 + u_2{}^2 - 2 \cdot w_2 \cdot u_2 \cdot \cos \alpha_2} \quad \dots \dots \quad (66a)$$

Es liegt doch auf der Hand, daß es für einen konkreten Fall nur einen zutreffenden Austrittsquerschnitt geben kann und ebenso ersichtlich ist, daß die Summe der Kanalseitenlängen in Richtung des Umlaufes gleich der Summe der Sehnen, sofern man mit diesen rechnet, oder gleich dem Umfange des Radäußeren sein muß, wenn man sich auf Bogenmasse bezieht. Letzteres trifft in jenem Handbuche zu, sobald mit der Relativgeschwindigkeit w_2 operiert wird, während (wie selbstverständlich!) bei Bezug auf die absolute Austrittsgeschwindigkeit c_2 die Seitenlängen in der Umlaufrichtung viel zu knapp ausfallen und hinter dem Radumfang zurückbleiben.

Die Relativgeschwindigkeit w_1 läßt sich übrigens außer mittels der vorstehend gebotenen Formel auch wie folgt ermitteln:

$$w_1 = \frac{u_1}{\cos \beta} \quad \dots \dots \dots \dots \dots \quad (67)$$

worin β dem Supplementswinkel zu α_1 entspricht.

Um auf das vorliegende Beispiel zurückzukommen, werde zunächst die Eintrittsgeschwindigkeit c_1 in m/sek ermittelt. Sie beträgt, da 320 mm Durchm. = 0,0804 qm

$$c_1 = \frac{V}{F} = \frac{1,58}{0,0804} = 19,65 \text{ m/sek.}$$

Da es sich bei Schaufelkanälen um rechteckige Querschnitte handelt, muß nach an anderer Stelle gegebener Begründung für diesen erst der gleichwertige Durchmesser gesucht werden. Durch Umformung der bekannten Kreisinhaltsgleichung und unter Berücksichtigung der Schaufelzahl — hier 8 — ist zu schreiben:

$$D_{gl} = \frac{4 \cdot V}{\pi \cdot c_1 \cdot Z} = \frac{4 \cdot 1,58}{3,14 \cdot 19,65 \cdot 8} = 113 \text{ mm } \varnothing \quad \dots \dots \quad (68)$$

Die eine Seitenlänge, bzw. die Bogenlänge des Kanales ist bereits bekannt; sie beträgt 125 mm und nun ermittelt sich die andere zu

$$b_1 = \frac{a \cdot D_{ol}}{2 \cdot a - D_{ol}} = \frac{125 \cdot 113}{2 \cdot 125 - 113} = 117,7$$

oder rund 118 mm.

Die Schaufelkanäle werden sonach am Einlauf 125 mm Bogenlänge bei 118 mm axialer Breite.

Daß für die Berechnung der äußeren Kanalquerschnitte, also am Auslauf, nicht Bogenmasse, sondern Sehnen zu berücksichtigen sind, wurde schon gesagt und auch begründet. Dies gilt für alle Schaufeln, radiale, vorwärts- und rückwärtsgekrümmte.

Zwecks Vereinfachung der Rechnung wird hier eine Tabelle geboten, welche die Werte enthält, mit denen der äußere Raddurchmesser D_2 zu multiplizieren ist, um die für die Berechnung gültigen Sehnen- bzw. Polygonseitenlängen zu erhalten.

VI.

Seitenzahl der Polygone	Werte für außen $S = D_2 \cdot \sin \frac{180}{n}$
4	$0,707 \cdot D_2$
5	0,588
6	0,500
7	0,434
8	0,383
9	0,342
10	0,309
12	0,259
14	0,222
15	0,208
16	0,196
18	0,174
20	0,156
22	0,142
24	0,131
25	0,126
26	0,121
28	0,111
30	0,105

Da das Flügelrad des Beispieles minutlich 1745 Umdrehungen macht, ergeben sich für 500 mm Durchm. = 1,571 m Umfang für $u_2 = 45,75$ m/sek.

Die Relativgeschwindigkeit w_2 wird gleich oder größer als w_1 angenommen, und zwar

$$w_2 = w_1 \cdot 1,0 \text{ bis } 1,5 \quad \ldots \ldots \ldots \quad (69)$$

Für das Beispiel sei

$$w_2 = w_1 \cdot 1,2 = 35,2 \cdot 1,2 = 42,2 \text{ m/sek}$$

und nach gegebener Formel und den hier vorliegenden radial endenden Schaufeln bestimmt sich die Resultierende, die absolute Ausflußgeschwindigkeit zu

$$c_2 = \sqrt{42,2^2 + 45,75^2} = 62,2 \text{ m/sek.}$$

Die Sehnenlänge eines achtseitigen Polygons und eines umschriebenen Kreises von 500 mm Durchm. beträgt gemäß Tabelle: $500 \cdot 0,383 = 191,5$ abzüglich Bleckdicke $= 189,5$ mm.

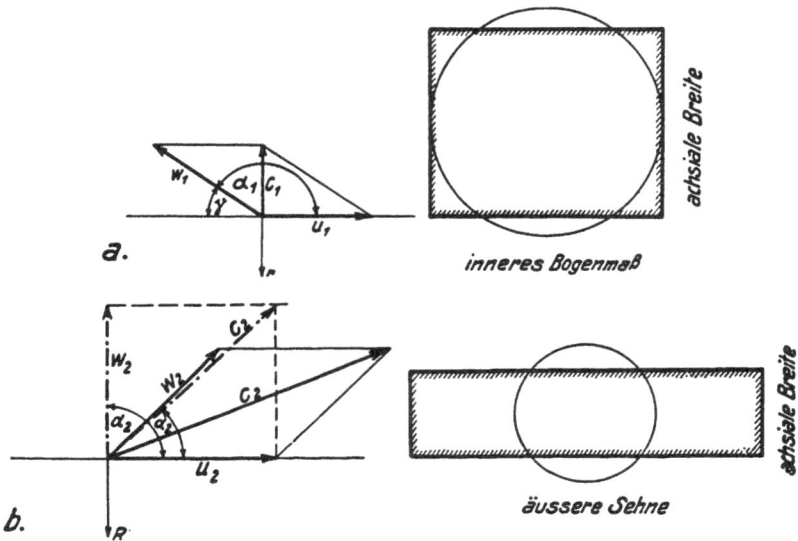

Abb. 22.

Der erforderliche gleichwertige Durchmesser ist:

$$D_{gl} = \frac{4 \cdot 1,58}{3,14 \cdot 42,2 \cdot 8} = 52,6 \text{ mm } \varnothing.$$

Die axiale Kanalbreite stellt sich nunmehr auf:

$$b_2 = \frac{189,5 \cdot 52,6}{2 \cdot 189,5 - 52,6} = 30,5 \text{ mm.}$$

Die äußeren Kanalabmessungen ergeben sich jetzt zu 189,5 mm Länge in der Richtung des Umlaufes und 30,5 mm axiale Breite.

Neben den Berechnungen sollen immer graphische Darstellungen nach Art der vorstehenden angefertigt werden, weil sie die Vorgänge gut veranschaulichen, ev. Fehler sinnfällig machen und so treffliche Kontrolle ausüben.

Für die verschiedenen Gas- und die Umlaufgeschwindigkeiten wählt man den Maßstab nicht kleiner als 1 m/sek gleich 1 mm; für die Kanalquerschnitte ½ natürlicher Größe.

Da Strömungsablenkungen immer mit Wirbel und Verlusten verbunden sind, muß angestrebt werden, die Schaufeln schlank auszugestalten. Eine gute Linienführung ergibt sich nach folgender Skizze.

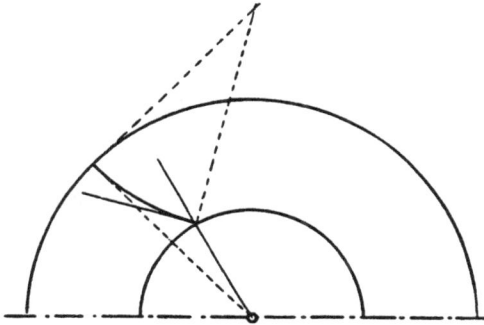

Abb. 23.

Man fälle auf die Schaufelwinkel Senkrechte und verlängere diese
bis zu ihrem Schnittpunkt; dieser bildet das Mittel des zu schlagenden
Kreises.

Gehäuse, Konstruktionsquadrat und Zunge.

Sobald Rohrleitungs- und sonstige Widerstände seitens eines
Schleudergebläses zu überwinden sind, müssen diese entgegen veralteten
Ausführungen mit einem G e h ä u s e ausgestattet werden. Ob dieses
aus Gußeisen oder Stahlblech gefertigt wird, ist an sich gleichgültig.
In Sonderfällen, insbesondere wenn säurehaltige Gase gefördert werden,
kann es zur Notwendigkeit werden, nicht nur das Gehäuse, sondern
auch das ganze Flügelrad aus Bronze, Aluminium oder einem sonst
besonders geeignetem Metall herzustellen, ja es sind sogar Schleudergebläse aus Steingut im Gebrauch, die aber nur geringe Umlaufgeschwindigkeiten zulassen. Sehr häufig vermag man auch mit Schutz-
überzügen auszukommen, d. h. man wendet einen zweckentsprechenden
Anstrich an oder verzinkt, verbleit usw. das Flügelrad, sowie das
Innere des Gehäuses. Hingegen hüte man sich, für metallische Überzüge
das Schoppsche Metallspritzverfahren in Anwendung zu bringen,
weil die damit erzeugten Überzüge erfahrungsgemäß nicht homogen
und für hohe Umlaufgeschwindigkeiten haftbar genug sind, sich zudem
auch unverhältnismäßig teuer stellen.

Ein richtig konstruiertes Gehäuse muß das Flügelrad vollständig
umhüllen, und zwar mittels einer Spirale. Wie leicht einzusehen ist,
steigert sich die Fördermenge bei einer Radumdrehung von Null bis
zum vollen Inhalte sämtlicher Schaufelkanäle und dementsprechend
muß sich der Auslaufraum des Gehäuses hinsichtlich seines Quer-

schnittes im Verhältnis zum Radumfang verhalten. Dieser Bedingung vermag eine zutreffend gewählte Spirale gerecht zu werden.

Angenommen, ein Flügelrad fördere 3 cbm/sek mit einer absoluten Austrittsgeschwindigkeit von 50 m/sek, dann müßte der theoretische Gehäusequerschnitt radial zum Rad am Anfang, also an der Zunge gleich Null sein und am Scheitelpunkt des Rades

$$F = \frac{V}{c} = \frac{3}{50} = 0,06 \text{ qm.}$$

Dieser Forderung läßt sich bei gegossenen Gehäusen dadurch annähernd genügen', als man die Spirale in axialer Richtung vom Ausblas nach der Zunge zu verjüngt.

Abb. 24.   Abb. 25.

Bei Blechgehäusen läßt sich das nicht durchführen und hat sich auch nicht als nötig erwiesen. Hier weist die Spirale durchwegs gleiche axiale Breite auf.

Mit einer Gasaustrittsgeschwindigkeit gleich c_2 darf aber nicht gerechnet werden, weil sich hierfür im Ausblas eine zu hohe Geschwindigkeitshöhe h_g ergäbe, die, wie an anderer Stelle ausgeführt, eine weitgehende Minderung der statischen Pressung, h_{st} im Gefolge hätte und schließlich gar dahin führte, daß das Gebläse die ihm obliegende Überwindung vorhandener Widerstände nicht vollbringen könnte. Man muß sonach den Gehäusequerschnitt senkrecht zur Gasbewegung groß genug halten, daß eine angemessene Gasgeschwindigkeit verbleibt. Als solche muß diejenige oder eine geringere bezeichnet werden, wie sie in der Ausblaseöffnung des Ventilators herrscht.

Würde man nun die axiale Breite des Gehäuses gleich der Flügelbreite wählen, was an sich zulässig ist, dann würde zumal bei geringer Gasgeschwindigkeit die Bauhöhe des Gehäuses in radialer Richtung unzulässige Maße erreichen. Um dies zu verhindern, gibt man den Gehäusen eine wesentlichere Breite als dem Rade und ist zu empfehlen

für Nieder- und Mitteldruckgebläse $B = D_2 : 2$

» Trommelflügelgebläse $\qquad\qquad B = D_0 : 1,3$

» Hochdruckgebläse $\qquad\qquad\quad B = D$ a.

Diese Regeln sind wohl für marktgängige Serien zu berücksichtigen, doch ist es in Sonderfällen nicht selten, daß davon abgewichen werden muß, namentlich, wenn Raumbeschränkung auftritt. Selbstverständlich bedingen geringere Breiten der Gehäuse Zunahmen in deren Höhe und umgekehrt.

Die Zunge des Gehäuses müßte theoretisch dicht am Umfange des Flügelrades anliegen, da an dieser Stelle doch erst die Förderung beginnt. Praktisch hat sich dies jedoch als durchaus unhaltbar erwiesen; die Zunge muß sich in angemessenem Abstand vom Rad befinden. Ist dies nicht der Fall, dann treten namentlich bei hohen Umfangsgeschwindigkeiten, wie solche vornehmlich bei Hochdruckventilatoren anzutreffen sind, heulende Geräusche auf, die sich bis zur Unerträglichkeit steigern können.

Rechnerisch läßt sich der Zungenabstand leider nicht ermitteln; man ist diesbezüglich allein auf praktische Erfahrungen angewiesen und diese besagen, daß der Zungenabstand in radialer Richtung vom Flügelrade je nach Größe des letzteren 10 bis 200 mm betragen soll. Man nimmt zweckdienlich:

$$z = 0,05 \text{ bis } 0,08 \cdot D_2,$$

und zwar den kleineren Wert für Hochdruckventilatoren.

Das sogen. »Konstruktions-Quadrat« ist erforderlich, um die Gehäusespirale zeichnen zu können. Als letztere gelangt die »archimedische Spirale« zur Anwendung. Sie entsteht, wenn sich ein Punkt mit gleichbleibender Geschwindigkeit auf einer Geraden fortbewegt, die sich ihrerseits mit gleichbleibender Winkelgeschwindigkeit um einen festen Punkt bewegt. Eine solche Spirale entspricht vollkommen der gleichmäßigen Strömungsgeschwindigkeit bei gleichmäßig zunehmendem Volumen.

Auf eine peinlich genaue Konstruktion der Spirale kommt es nicht an und erübrigt sich die Benützung von 6 oder gar 8 Konstruktionspunkten, wie dies mitunter noch zu beobachten ist. 4 Punkte sind hinreichend und verbürgen eine für Schleudergebläse hinlängliche Genauigkeit.

Bevor an die Konstruktion des Gehäuses gegangen wird, sind die Abmessungen der Ausblasöffnung — ob rund, quadratisch oder rechteckig — bereits festgelegt und damit auch die Gehäusebreite. Die Zunge kommt stets in Höhe der inneren Ausblaskante zu liegen und normal befindet sich auch der Scheitelpunkt des Rades in dieser Höhe, bei Hochdruckventilatoren ausnahmslos.

Bei dieser Lage des Flügelrades muß oberhalb dessen Scheitelpunktes der Gehäusequerschnitt gleich demjenigen der Ausblasöffnung sein und an der Zunge theoretisch gleich Null. Da das Konstruktionsquadrat die Spirale aus 4 Punkten als Zentren für die Radien bildet, ist ohne weitere Beweisführung zu erkennen, daß die Seiten des Quadrates je $1/4$ der Höhe des Gehäusequerschnittes oberhalb des Radscheitels sein müssen.

Als Beispiel diene der im Abschnitt »Flügelräder« Seite 64 beschriebene Niederdruckventilator von 500 mm Flügeldurchmesser, dessen Ausblaseöffnung eine Breite von 250 mm und eine Höhe von 445 mm aufweist. Sein Konstruktionsquadrat wird eine Seitenlänge von

$$445 : 4 = 111 \text{ mm}$$

bieten.

Bei Nieder- und Mitteldruckgebläsen, die relativ große Gasmengen zu fördern haben, ergeben sich nach vorstehender Regel mitunter unbequeme, große und damit teure Gehäuse. Um dem innerhalb nicht sehr weiten Grenzen zu begegnen, hat man sich in der Weise geholfen, daß man das Flügelrad über die Zunge hinaus etwas in den Auslaufraum hineinragen läßt.

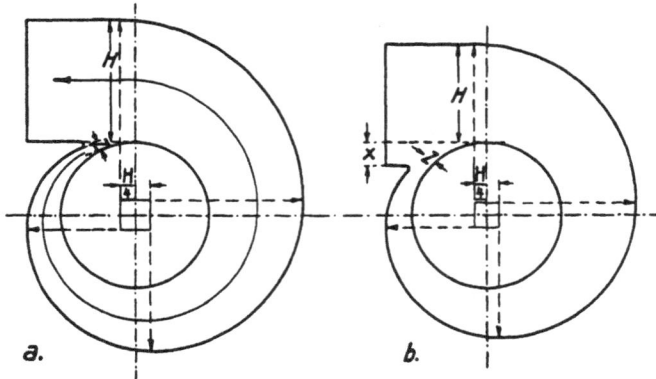

Abb. 26.

Hierdurch wird die Größe des Konstruktionsquadrates beeinflußt, und zwar wie folgt.

Während in der Normalausführung — und bei Hochdruckventilatoren immer — das Flügelrad von der Gehäusespirale ganz ummantelt ist, trifft das bei einem die Zunge überragenden Rade nicht mehr zu. Bis zu welchem Prozentsatze, das ist eben zu untersuchen. Der Auslaufquerschnitt oberhalb des Radscheitels braucht in einem solchen Falle auch nur gleich der prozentualen Ummantelung zu sein.

Auf das vorige Beispiel zurückgegriffen und angenommen, das Flügelrad sei von der Gehäusespirale nur zu 85 vH umschlossen, so würde sich oberhalb des Rades ein Querschnitt von nur:

$$250 \cdot 445 \text{ mm} = 0{,}11125 \text{ qm}$$
$$0{,}11125 \cdot 0{,}85 = 0{,}09456 \text{ qm}$$

erforderlich machen und da die Gehäusebreite unverändert bleibt, ermittelt sich eine Höhe von

$$0{,}09456 : 250 = 378{,}2 \text{ mm.}$$

Das Konstruktionsquadrat besitzt in diesem Falle eine Seitenlänge von

$$378 : 4 = 94{,}5 \text{ mm.}$$

Was nun die Ausführung der Gehäuse anbelangt, so ist für gegossene und aus Blech gefertigte sehr darauf zu achten, daß das Innere durchwegs glatt, in schlanken Linien verläuft und frei von Beulen, vorstehenden Schrauben- und Nietköpfen ist, da nur so die Bewegung der Gase eine möglichst wirbelfreie sein kann.

Die bei Blechgehäusen unumgänglichen Winkelzargen werden von einigen Fabrikanten nach innen verlegt, von anderen nach außen. Letzteres Verfahren ist entschieden zu bevorzugen, weil dabei das Gehäuseinnere glatter bleibt und die Vernietung oder Verschraubung der Gehäusewände mit der Zarge unter günstigeren Umständen erfolgt. Eine Gehäusewand, diejenige nach der Lagerung hin, kann mit der Zarge vernietet sein; die andere hingegen darf nur verschraubt werden, um sie zwecks Ein- und Ausbringens des Flügelrades abnehmen zu können.

Das zu verwendende Blech muß bester Qualität, doppelt dekapiert und sorgfältig gespannt sein; die Dicke des Bleches wähle man zur Vermeidung von Erschütterungen nicht zu schwach und sehe insbesondere hinlängliche Versteifungen aus Winkel- oder U-Eisen vor. Der Lagerbock, ob Guß- oder Schmiedeeisen, muß in solide, erschütterungsfreie Verbindung mit dem Gehäuse gebracht werden.

An das Gehäuse selbst sollte man nur notgedrungen die Lager befestigen; diese gehören auf gesonderte Konsolen oder Böcke und lassen sich auch bei dieser gesicherten Anordnung Erschütterungen nicht gänzlich vermeiden. Solche Vibrationen machen sich besonders unangenehm bemerkbar, wenn sie in das Resonanzgebiet des Gehäuses fallen. Hier hilft man sich am besten und schnellsten durch eine geringe Vermehrung der Versteifungen oder Verstärkung der vorhandenen.

Saugöffnungen, wie Ausblasöffnungen müssen mit Winkelflanschen bezw. Winkelrahmen versehen sein, um Rohranschlüsse bewirken zu können.

Absolute Eintrittsgeschwindigkeiten c_1 und innere Schaufelwinkel.

Für die Bestimmung der Abmessungen eines Schleudergebläses ist die Festlegung einer zweckmäßigen Eintrittsgeschwindigkeit des Gases von ausschlaggebender Bedeutung; insbesondere ergibt sich die Baugröße des Gebläses daraus. Damit ist gesagt, daß eine hohe Eintrittsgeschwindigkeit ein relativ kleines Gebläse bedingt. Es sind nun aber, basierend auf langjährige praktische Erfahrungen, Grenzen gezogen, die nicht überschritten werden dürfen, sofern ein guter Nutzungswert gewahrt bleiben soll.

Wie schon in der Einleitung, S. 6, kurz erwähnt wurde, begnügte man sich früher mit sehr geringen Eintrittsgeschwindigkeiten und wählte solche ganz ex faustibus, bis Pelzer ein System aufstellte, das darin gipfelte, die Eintrittsgeschwindigkeit in Zwangsbeziehung zur Gesamtdruckhöhe zu bringen. Damit hatte er den richtigen Weg betreten, ohne indes diese wichtige Frage wirklich zutreffend zu lösen. Seine erstmalig aufgestellte Tabelle für Eintrittsgeschwindigkeiten, die bis zu Druckhöhen von 500 mm WS reichte — wohl das damalige Maximum — gibt Geschwindigkeiten an, über die man längst hinausging. Pelzer selbst bot später eine neue Tabelle, die in der »Hütte« zum Abdruck gelangte und folgende Eintrittsgeschwindigkeiten aufweist:

$h =$	10	20	50	100	150	200	250	300	350 mm WS
$c_1 =$	4,7	6,6	10,5	15,0	18,3	21,0	23,5	25,8	27,8.

Es muß befremden, daß diese Tabelle nur bis zu 350 mm WS durchgeführt ist, während doch heute Schleudergebläse mühelos zur Erreichung wesentlich höherer Pressungen gebracht werden. Verfolgt man das Anwachsen der Eintrittsgeschwindigkeit, so ergibt sich, daß bei Erweiterung der Tabelle bis nur 500 mm WS schon eine Eintrittsgeschwindigkeit von 33,3 m/sek erstehen würde und diese, geschweige denn eine höhere, dürfte Pelzer, einer anerkannt hochstehenden Ventilatorfirma wohl mehr, denn zulässig erschienen sein. Kurz gesagt: der wirkliche Fachmann läßt Eintrittsgeschwindigkeiten von über 30 m/sek nur in Fällen zu, wo gar kein anderer Ausweg offensteht.

Wie bekannt, müssen alle Tabellen für dergleichen Ventilatorangelegenheit unter Berücksichtigung eines bestimmten spezifischen Gasgewichtes ausgearbeitet werden; als gebräuchlich hat sich Luft von 1,2 kg/cbm eingebürgert. Für andere spezifische Gewichte macht sich dann eine einfache Umrechnung erforderlich.

Daß innigste Beziehung zwischen Gesamtpressung und Eintrittsgeschwindigkeit besteht, zeigt eine Untersuchung der gebräuchlichen Äquivalenzformel von Murgue. Nach dieser ist:

$$ae = \frac{V}{2,875 \cdot \sqrt{h \cdot \dfrac{1}{\gamma}}} = \frac{V}{2,63 \cdot \sqrt{h}} \quad \ldots \ldots \ldots \quad (71)$$

und mithin

$$c_1 = 2,63 \cdot \sqrt{h} \quad \ldots \ldots \ldots \ldots \ldots \quad (72)$$

wie übrigens gleich zahlenmäßig bewiesen werden soll.

Angenommen sei eine Liefermenge von 12 cbm/sek und eine Gesamtpressung von 100 mm WS, dann stellt sich

$$ae = \frac{0,38 \cdot 12}{10} = 0,456 \; qm$$

und hieraus

$$c_1 = \frac{12}{0,456} = 26,314$$

oder rund 26,3 m/sek.

Es ist nun sicher interessant, festzustellen, daß die neuere Tabelle Pelzers für c_1 genau die Resultate vorstehender Bestimmung nach $c_1 = 2,63 \cdot h$ ergibt, wenn man sie mit 1,77 multipliziert.

Dieses Verhältnis muß als Leitlinie beibehalten werden und es ergibt sich bei näherer Untersuchung auch sowohl aus der alten, wie neuen Pelzerschen Tabelle. Die Werte für c_1 in bezug auf die Druckhöhen bilden eine Parabel, wie es folgerichtig sein muß. Geht man von der Achse einer Parabel aus und nimmt deren Scheitelpunkt als Null c_1 und Null mm WS an, legt in gewählter Entfernung und als Ordinate einen Punkt als Gesamtdruck für z. B. 800 mm WS fest, bildet hiernach, wie bekannt, eine Parabel, so findet man, daß sich die nach der Formel

$$c_1 = 2,63 \cdot \sqrt{h} \quad \ldots \ldots \ldots \ldots \ldots \quad (72)$$

berechneten Eintrittsgeschwindigkeiten für die jeweiligen Druckhöhen genau auf dieser Parabel befinden. Das nachstehende Diagramm veranschaulicht das (siehe Abb. 27 a, b S. 76).

Dadurch aber, daß die tatsächliche Eintrittsgeschwindigkeit sekundlich 30 m nicht übersteigen soll, macht sich eine Korrektion erforderlich, die aber nicht willkürlich gehandhabt werden darf. Nach der gebotenen Formel würde die Eintrittsgeschwindigkeit von 30 m/sek bei einer Gesamtpressung von 130 mm WS liegen und müßte, um den praktischen Anforderungen zu entsprechen, von da ab bis zur hösterreichbaren Pressung stets mit $c_1 = 30$ m/sek gerechnet werden. Das sich hieraus ergebende Kurvenbild entspräche ungefähr der Linienführung II des Diagramms.

Es ist aber zu beachten, daß der innere Einlaufwinkel zwischen 110 und 150° liegen muß, d. h. sein Supplementswinkel beträgt 70 bis 30°. Er bestimmt sich aus

$$\operatorname{tg} \beta = c_1 : u_1 \ldots \ldots \ldots \ldots \ldots (73)$$

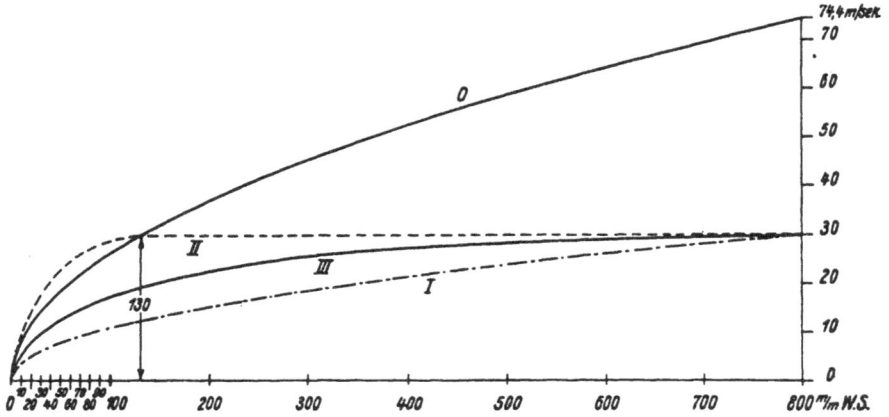

Abb. 27 a.

An der Umfangsgeschwindigkeit u_1 ist für Erreichung eines gewissen Druckes nichts zu ändern; hierfür ist nur c_1 zugänglich und kann dies durch Änderung des Saugquerschnittes geschehen.

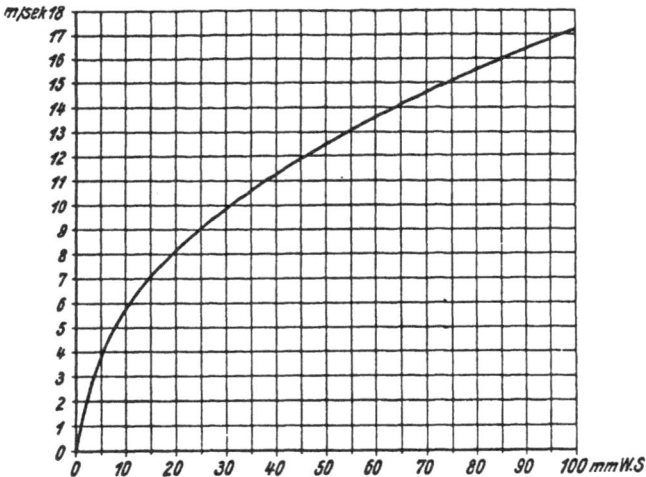

Abb. 27 b.

Es galt mithin, eine Kurve für die Eintrittsgeschwindigkeiten zu ermitteln, welche praktisch brauchbare Werte für c_1 dergestalt bietet, daß diese stets innerhalb der richtigen inneren Schaufelwinkel zu liegen kommen. Im Diagramm ist diese Kurve mit III bezeichnet. Die theoretischen Eintrittsgeschwindigkeiten aus $c_1 = 2{,}63 \cdot h$ sind mit 0,4 zu multiplizieren und ist nur zu beachten, daß sich für niedrige Gesamtdrücke eine geringe Steigerung der Eintrittsgeschwindigkeit empfiehlt; direktes Erfordernis ist dies aber nicht.

Beispiel: Gesamtdruck 40 mm WS. $u_1 = 28{,}0$ m/sek Aus dem Diagramm ist als c_1 zu entnehmen $= 11{,}3$ m/sek, dann ergibt sich der Supplementswinkel zu

$$\operatorname{tg} \beta = 11{,}3 : 28 = 0{,}404 = 22^0 \text{ bzw. } a_1 = 158^0$$

und würde sich in diesem extremen Fall eine Steigerung von c_1 auf 16 m/sek empfehlen, wobei ein Winkel $\gamma = 30^0$ bzw. $a_1 = 150^0$ herauskäme, der noch zulässig ist.

In Tabellenform gebracht, zeigen sich dann folgende Werte:

$h =$	10	20	30	40	50	60	70	80	90 mm WS
$c_1 =$	5,8	8,1	9,9	11,3	12,5	13,6	14,6	15,6	16,4 m/sek

$h =$	100	200	300	400	500	600	700	800 mm WS
$c_1 =$	17,2	22,3	25,6	27,2	28,2	29,4	29,7	30,0 m/sek.

Die zugehörigen Geschwindigkeitshöhen sind in der zugehörigen Tabelle Nr. IV zu finden und durch Subtraktion derselben von den Gesamtpressungen ergibt sich die statische Druckhöhe.

Nicht zu vergessen ist, daß sich die Einströmungsgeschwindigkeiten je nach dem spezifischen Gewichte des zu fördernden Gases ändern, und zwar folgendermaßen:

Den seitherigen Ausführungen war, wie ausdrücklich betont, immer ein spezifisches Gewicht von 1,2 kg/cbm zugrunde gelegt. Ändert sich dieses, so muß die Formel folgendermaßen geschrieben werden:

$$c_1 = \frac{2{,}6314 \cdot \sqrt{h} \cdot \sqrt{\gamma}}{\sqrt{\gamma_1}} = (2{,}63 \cdot \sqrt{h}) \cdot \sqrt{\frac{\gamma}{\gamma_1}} = \frac{2{,}88 \cdot \sqrt{h}}{\sqrt{\gamma_1}} \quad . \ . \ (74)$$

Wie zu ersehen, ist der Faktor 2,88 für Bestimmung von c_1 als Konstante zu betrachten. Um Irrtümer hintanzuhalten, erscheint es ratsam, für Errechnung von c_1 ausnahmslos vorstehende Gleichung zu benützen; durch Einsetzen von γ ist sie dann selbstverständlich auch für atmosphärische Luft von $15^0 = 1{,}2$ kg/cbm verwendbar. Es werde auch hier ein Beispiel vorgeführt:

Gesamtpressung $= 100$ mm WS, $\gamma = 1{,}2$ kg/cbm, $\gamma_1 = 0{,}9$ kg/cbm, $D_1 = a_e = 0{,}988$ qm, dann ist:

$$\text{theor. } c_1 = \frac{2{,}88 \cdot 10}{1{,}0954} = 26{,}314 \text{ m/sek für} = 1{,}2 \text{ kg/cbm}$$

und

$$c_1 = \frac{2{,}88 \cdot 10}{0{,}949} = 30{,}4 \text{ m/sek für} = 0{,}9 \text{ kg/cbm,}$$

was sich bestätigt, wenn man die Probe macht

$$c_1 = 30 : 0,988 = 30,4 \text{ m/sek.}$$

Immer und unter allen Umständen muß die Berechnung des Supplementwinkels γ ein Tangens zwischen 0,577 und 0,364 ergeben.

Gleichviel wie die Schaufelenden am Radumfang münden, radial, nach vorwärts oder nach rückwärts gekrümmt, der Gaseintritt soll stets radial erfolgen, weil er sich nur dann stoßfrei vollzieht.

Die Bestimmung der verschiedenen Geschwindigkeiten — c = absolute, u = Umfangsgeschwindigkeit, w = relative — erfolgt am besten zeichnerisch nach den sattsam gebotenen Mustern, doch vermag man sie auch zu berechnen, was der Kontrolle halber geschehen sollte.

Die Eintrittsgeschwindigkeit c_1 ist immer gegeben und die Relativgeschwindigkeit ist

$$w_1 = \frac{c_1}{\sin(180 - a_1)} \quad \text{bzw.} \quad \frac{u_1}{\cos\beta} \quad \ldots \ldots \ldots \quad (75)$$

worin γ = Supplementswinkel.

Zur Vereinfachung des Rechnungsverfahrens ist nachstehend eine Tabelle gegeben, aus welcher alle erforderlichen Werte zu entnehmen sind; insbesondere genügt es, c_1 mit Ω zu multiplizieren, um sofort die Relativgeschwindigkeit w_1 zu wissen.

Beispiel:

$$c_1 = 22 \text{ m/sek}, \quad \beta = 60^{\,0}, \quad a_1 = 120^{\,0},$$

dann ist

$$w_1 = 22 : 0,866 = 25,4 \text{ m/sek}$$

oder

$$22 \cdot 1,155 = 25,4 \text{ m/sek.}$$

VII. Innere Relativgeschwindigkeiten.

$$w_1 = \frac{c_1}{\sin(180 - a_1)} \quad \text{bzw.} \quad \frac{u_1}{\cos\beta} = c_1 \cdot \Omega$$

a_1	$180 - a_1$	$\sin(180 - a_1)$	Ω	a_1	$180 - a_1$	$\sin(180 - a_1)$	Ω
110	70	0,940	1,064	121	59	0,857	1,167
111	69	0,934	1,071	122	58	0,848	1,179
112	68	0,927	1,079	123	57	0,839	1,192
113	67	0,921	1,088	124	56	0,829	1,206
114	66	0,914	1,094	125	55	0,819	1,221
115	65	0,906	1,103	126	54	0.809	1,236
116	64	0,899	1,113	127	53	0,799	1,250
117	63	0,891	1,122	128	52	0,788	1,269
118	62	0,883	1,132	129	51	0,777	1,288
119	61	0,875	1,143	130	50	0,766	1,305
120	60	0,866	1,155	131	49	0,755	1,325

α_1	$180-\alpha_1$	sin $(180-\alpha_1)$	Ω	α_1	$180-\alpha_1$	sin $(180-\alpha_1)$	Ω
132	48	0,743	1,346	142	38	0,616	1,623
133	47	0,731	1,368	143	37	0,602	1,660
134	46	0,719	1,390	144	36	0,588	1,700
135	45	0,707	1,415	145	35	0,574	1,742
136	44	0,695	1,440	146	34	0,559	1,790
137	43	0,682	1,468	147	33	0,545	1,835
138	42	0,669	1,495	148	32	0,530	1,887
139	41	0,656	1,524	149	31	0,515	1,940
140	40	0,643	1,555	150	30	0,500	2,000
141	39	0,629	1,590				

Um den Erfordernissen eines radialen Gaseintrittes in das Flügelrad gerecht zu werden, macht sich natürlich auch bei den sog. Schrägschaufelgebläsen (Keith-Flügel) und all jenen, bei denen die Schaufeln zwecks Versteifung des Rades gegen die Nabe herabgezogen sind, so daß der lichte Raddurchmesser an der Nabenwand wesentlich geringer, als an der Saugöffnung ist, erforderlich, die inneren Schaufelwinkel dem jeweiligen Lichtdurchmesser des Rades und dem sich über dessen ganze Breite verändernden u_1 anzupassen. Angenommen, ein solches Flügelrad weise vorn am Einlauf einen Durchmesser von 900 mm und hinten, an der Radwand, einen solchen von 500 mm auf, mache minutlich 750 Umdrehungen und $c_1 = 20$ m/sek, dann errechnen sich nach der maßgebenden Winkelformel:

$$u_1 \text{ am Einlauf} = 35,4 \text{ m} = 149\tfrac{1}{2}^0 \quad w_1 = 41,2 \text{ m/sek}$$
$$u_1 \text{ am Ende} = 19,7 \text{ m} = 136\tfrac{1}{2}^0 \quad w_1 = 28,5 \text{ m/sek}.$$

Die dazwischenliegenden Einlaufwinkel sind natürlich richtig zu bestimmen und über die ganze Schaufelbreite zu verteilen. Jedenfalls ist aus diesem Beispiele zu ersehen, daß auch die Dimensionierung der Kanalquerschnitte sehr bei dieser Flügelform erschwert ist und darauf ist es gewiß zurückzuführen, daß solche Flügelräder selten sachgemäß konstruiert und ausgeführt werden. Zudem stellen sie sich in den Herstellungskosten nicht unwesentlich teurer als Normalräder.

Äußere Schaufelwinkel.

Bei Berechnung eines Schleudergebläses müssen, wie gezeigt, zunächst die absolute Eintrittsgeschwindigkeit des Gases c_1 und sodann die Relativgeschwindigkeit w_1 bestimmt werden; erst dann läßt sich der äußere Schaufelwinkel α_2 ermitteln, sofern es sich nicht um radial, also unter einem Winkel von 90° auslaufende Schaufeln handelt, über deren Anwendung man sich von vornherein schlüssig werden muß.

Die relative Austrittsgeschwindigkeit ist entweder gleich oder größer als die relative Eintrittsgeschwindigkeit w_1, und zwar wählt man auf Grund langer Erfahrungen für

$$w_2 = 1{,}25 \text{ bis } 1{,}5 \cdot w_1 \quad\ldots\ldots\ldots\ldots \quad (69)$$

im Mittel sonach 1,35.

Die absoluten Austrittsgeschwindigkeiten c_2 sollen nicht allein rechnerisch, sondern auch graphisch ermittelt werden, was schon wiederholt betont wurde.

Für die Berechnung gelten nachstehende Formeln

1. radial auslaufende Schaufeln:

$$c_2 = \sqrt{w_2{}^2 + u_2{}^2} \quad\ldots\ldots\ldots\ldots\ldots \quad (65)$$

2. für nach vorwärts gekrümmte Schaufeln

$$c_2 = \sqrt{w_2{}^2 + u_2{}^2 + 2 \cdot w_2 \cdot u_2 \cdot \cos a_2} \quad\ldots\ldots \quad (66)$$

3. für nach rückwärts gekrümmte Schaufeln

$$c_2 = \sqrt{w_2{}^2 + u_2{}^2 - 2 \cdot w_2 \cdot u_2 \cdot \cos a_2} \quad\ldots\ldots \quad (66a)$$

Die — stets tangential verlaufende — Umfangsgeschwindigkeit u_2 muß errechnet werden und ist hierbei zu berücksichtigen, daß der manometrische Wirkungsgrad des Ventilators keineswegs vernachlässigt werden darf. Mit einem rein theoretischen Wert ist nicht nur nichts anzufangen, sondern derselbe würde ein ganz falsches Bild der absoluten Austrittsgeschwindigkeit c ergeben.

Die Umfangsgeschwindigkeit des Flügelrades an seiner Peripherie ist

1. für radial auslaufende Schaufeln:

$$u_2 = \sqrt{\frac{h \cdot g}{\gamma \cdot \eta}} \quad\ldots\ldots\ldots\ldots\ldots\ldots \quad (76)$$

2. für nach vorwärts gekrümmte Schaufeln

$$u_2 = \sqrt{\frac{(w_2 \cdot a_2)^2}{2} + \frac{h \cdot g}{\gamma \cdot \eta}} - \frac{(w_2 \cdot \cos a_2)}{2} \quad\ldots\ldots \quad (77)$$

3. für nach rückwärts gekrümmte Schaufeln

$$u_2 = \sqrt{\frac{(w_2 \cdot a_2)^2}{2} + \frac{h \cdot g}{\gamma \cdot \eta}} + \frac{(w_2 \cdot \cos a_2)}{2} \quad\ldots\ldots \quad (77a)$$

und hieraus ist ohne weiteres zu ersehen, daß bei gleichem w_2, gleichem γ und gleichem Nutzungswert η dieselbe Gesamtpressung in mm WS von einem Ventilator mit nach vorwärts gekrümmten Schaufeln mit weniger, von einem mit nach rückwärts gekrümmten Schaufeln mit mehr minutlichen Umdrehungen zu erreichen ist als von einem Schleudergebläse mit Radialschaufeln. An einem Beispiel soll das gezeigt werden.

Drei Gebläse haben gemeinsam $\gamma = 1,2$ kg/cbm, $w_2 = 35$ m/sek, $h = 400$ mm WS $\eta = 0,60$. Gebläse I hat Radialschaufeln, Gebläse II nach vorwärts gekrümmte und Gebläse III nach rückwärts gekrümmte. Für I

$$u_2 = \sqrt{\frac{400 \cdot 9,81}{1,2 \cdot 0,60}} = 73,8 \text{ m/sek.}$$

Die beiden Gebläse mit gekrümmten Schaufeln sollen je einen Auslaufwinkel $\alpha_2 = 40^0$ erhalten und für diesen ist

$$(\cos 40^0):2 = 0,383,$$

dann gilt für Ventilator II

$$u_2 = \sqrt{(35 \cdot 0,383)^2 + \frac{400 \cdot 9,81}{1,2 \cdot 0,60}} - 35 \cdot 0,383$$
$$= \sqrt{(179,5 + 5450)} - 13,4 = 61,6 \text{ m}$$

und für Ventilator III $u_2 =$ dieselben Werte, wie vorstehend, jedoch

$$\sqrt{(179,5 + 5450)} + 13,4 = 88,4 \text{ m/sek.}$$

Die Umfangsgeschwindigkeiten sind sonach sehr verschieden.

Zur Erleichterung der Berechnungen ist hier noch eine Tabelle der Werte $\frac{\cos \alpha_2}{2}$ beigefügt.

VIII. Äußere Relativgeschwindigkeiten.

Werte für $\frac{\cos \alpha_2}{2}$

α_2	$\cos \alpha_2 : 2$	α_2	$\cos \alpha_2 : 2$	α_2	$\cos \alpha_2 : 2$	α_2	$\cos \alpha_2 : 2$
35	0,4095	46	0,3475	57	0,2725	68	0,1875
36	0,4045	47	0,3410	58	0,2650	69	0,1790
37	0,3995	48	0,3345	59	0,2575	70	0,1710
38	0,3940	49	0,3280	60	0,2500	71	0,1630
39	0,3885	50	0,3214	61	0,2425	72	0,1545
40	0,3830	51	0,3145	62	0,2345	73	0,1460
41	0,3775	52	0,3080	63	0,2270	74	0,1380
42	0,3715	53	0,3010	64	0,2190	75	0,1295
43	0,3655	54	0,2940	65	0,2115		
44	0,3595	55	0,2868	66	0,2035		
45	0,3536	56	0,2795	67	0,1955		

Erwähnt sei noch, daß der Auslaufwinkel α_2 für nach vorwärts oder rückwärts gekrümmte Schaufeln in den meisten praktischen Fällen zu 45^0 gewählt wird. Winkel über 60^0 sollten wegen zu großer Ablenkung der Gase und deren Drosselung tunlichst vermieden werden.

Der Diffusor und seine Wirkungsweise.

Der Diffusor (Ausbreiter, Zerstreuer) findet vornehmlich Anwendung bei saugenden Grubenventilatoren, die unmittelbar ins Freie ausblasen. Seine Aufgabe besteht darin, eine relativ hohe Austrittsgeschwindigkeit der Gase aus der Ausblaseöffnung durch Erweiterung des freien Querschnittes beträchtlich herabzumindern und dadurch Rückgewinnung statischen Druckes, bzw. Umwandelung in solchen herbeizuführen.

Es ist bekannt, daß wenn Gase die Ausblaseöffnung eines Schleudergebläses z. B. mit 30 m/sek verlassen und ein spezifisches Gewicht von 1,2 kg/cbm besitzen, diese nach der Formel

$$h_g = \frac{c^2 \cdot \gamma}{2 \cdot g} = 55 \text{ mm WS}$$

Geschwindigkeitshöhe aufweisen, welche von der Gesamtpressung in Abzug gebracht werden müssen, um den statischen, also den arbeitverrichtenden Druck zu ermitteln. Sofern es also gelingt, die Ausflußgeschwindigkeit zu verringern, wird dies der statischen Pressung zugute kommen. Betrüge die Ausströmungsgeschwindigkeit nur noch 15 m/sek, so würde das einen Gewinn von 55 — 13,8 = 41,2 mm WS bedeuten.

Eine Herabminderung der Geschwindigkeit im Ausblas hat aber, sofern für den Betriebsfall die Umwandelung in statischen Druck nicht erforderlich ist, d. h. der Gewinn nicht benötigt wird, zur Folge, daß man das Gebläse langsamer laufen lassen kann und durch die Wirkung des Diffusors doch die nötige statische Pressung erlangt. Hierbei würde sich aber eine Ersparnis an Betriebskraft ergeben.

Für marktgängige Schleudergebläse, die mit Spiralgehäuse versehen sind, die also selbst einen Diffusor darstellen, gelangen besondere, vorgebaute Diffusoren selten zur Verwendung, womit aber nicht gesagt sein soll, daß man sie überhaupt entbehren könnte. Angenommen, eine Anlage unterliege einer baulichen Abänderung, ohne daß sich die Fördermengen ändern; nur die Leitungswiderstände sollen wachsen. Da es sich hier lediglich um Steigerung des nötigen statischen Druckes handelt, wird man kein Auswechseln des Gebläses, sondern lediglich den Anbau eines geeigneten Diffusors ins Auge fassen. Es kann sich auch ereignen, daß aus irgendwelchen Gründen die gesamten Abmessungen eines Ventilators beschränkt zu halten und beträchtliche Strömungsgeschwindigkeiten nicht zu vermeiden sind. Um dann die unerläßlich nötige statische Pressung zu erlangen, bleibt kein anderer Ausweg, als die Verwendung eines Diffusors.

Die Abmessungen eines solchen dürfen aber nicht beliebig gewählt werden, sondern unterliegen genauen Gesetzen, deren Nichtbeachtung ein mitunter völliges Versagen des Diffusors zur Folge hat.

Da mit nur seltensten Ausnahmen Diffusoren nur an Gebläsen mit Blechgehäusen und damit auch mit quadratischen oder rechteckigen

Ausblasöffnungen anzutreffen sind, macht es sich erforderlich, den gleich-falls am ventilatorseitigen Anschlußteil quadratischen oder rechteckigen Querschnitt zunächst langsam in den gleichwertigen runden zu über-führen und dann erst die konische Erweiterung durchzubilden. Dies Verfahren ist an anderer Stelle hinlänglich beschrieben und durch Bei-spiele erläutert.

Die sich vollziehende Umwandlung des dynamischen in statischen Druck erfolgt keineswegs restlos; es wird sich immer ein gewisser Ver-lust herausstellen. Schon deshalb sollte, außer in Zwangslagen, davon Abstand genommen werden, der Billigkeit halber Schleudergebläse mit beschränkten Gehäuseabmessungen und demnach hohen Strömungs-geschwindigkeiten zu bauen oder zu kaufen, weil bei solchen der Anbau eines Diffusors von vornherein Bedingung ist.

Ganz einwandfreie Angaben hinsichtlich der Wirkungsgrade ver-schiedener Diffusoren liegen leider noch nicht vor.

Der bekannte Fachmann Biel gibt in seinen Forschungen eine Gleichung, welche gut annähernde Nutzungswerte bieten soll. Sie lautet:

$$\eta = 1 - \frac{\left(\dfrac{F_2}{F_1} - 1\right) \cdot \sin \alpha}{\dfrac{F_2}{F_1} + 1} \qquad \ldots \ldots \ldots \ldots (78)$$

worin bedeuten:

F_1 = der gleichwertige Eintrittsquerschnitt des Diffusors in qm,
F_2 = derselbe für den Austrittsquerschnitt,
w_1 = die Gaseintrittsgeschwindigkeit in m/sek,
w_2 = die Gasaustrittsgeschwindigkeit,

und wobei sich der theoretische Gewinn an statischem Druck in mm WS stellt auf

$$h_{st}' = \frac{w_1{}^2 - w_2{}^2}{2 \cdot g} \cdot \gamma.$$

Bemerkt sei, daß sich in der Praxis die Neigungswinkel 10 bis 25° als die verwendbarsten für Diffusoren ergeben haben.

Es sei ein Beispiel durchgerechnet und hierzu der im Abschnitt »Flügel-räder«, S. 64, beschriebene Ventilator herangezogen.

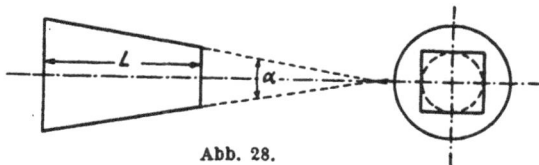

Abb. 28.

Der Diffusoranschluß hat darnach einen Durch-messer von 320 mm = 0,0804 qm. Der Diffusorausblas habe 500 mm Durchm. = 0,1964 qm. Die sekundliche Fördermenge beträgt 1,58 cbm und die Gaseintrittsgeschwindigkeit ist, wie schon nachgewiesen, 19,65 m/sek. Der Neigungswinkel betrage gemäß Skizze 15°.

6*

Es ermittelt sich mithin eine Austrittsgeschwindigkeit von

$$w_2 = \frac{1,58}{0,1964} = 8,01 \text{ m/sek.}$$

Für $w_1 = 19,65$ ergibt sich $h_s = 23,6$ mm WS
» $w_2 = 8,01$ » » $h_s = 3,9$ mm WS

und sonach beträgt der theoretische Gewinn an statischer Pressung

$$23,6 - 3,9 = 19,7 \text{ mm WS.}$$

Der Nutzungswert gemäß der Bielschen Formel ist, die Werte eingesetzt:

$$\eta = 1 - \frac{\left(\dfrac{0,1964}{0,0804} - 1\right) \cdot 0,259}{\dfrac{0,1964}{0,0804} + 1} = 0,838, \text{ rund } 84\%$$

und demnach der tatsächliche Gewinn an statischer Pressung

$$19,7 \cdot 0,84 = \underline{\mathbf{16,55 \text{ mm WS.}}}$$

Die Baulänge des Diffusors, sofern diese nicht zeichnerisch festgelegt wird, errechnet sich trigonometrisch, wie folgt unter Bezugnahme auf die Skizze:

$$a = b \cdot \text{tg } \alpha = 90 \cdot 7,596 = 683,64, \text{ rund } 684 \text{ mm.}$$

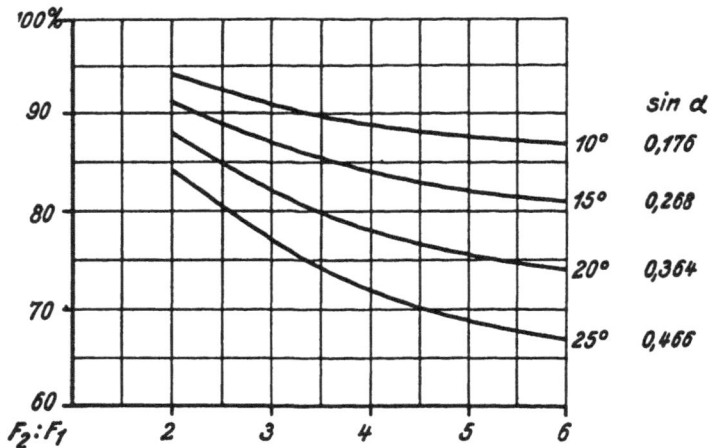

Abb. 29.

Um das immerhin etwas umständliche Rechnen mit der Bielschen Formel zu vermeiden, ist nachstehend ein Diagramm geboten, mittels dessen die Formelwerte für Diffusorwinkel von 10 bis 25° mühelos festgelegt werden können.

IX. Nutzungswerte von Diffusoren

für Neigungswinkel von 10 bis 25° und Querschnitts-
verhältnisse von 1:2 bis 1:6

$\frac{F_2}{F_1} =$	2	3	4	5	6
Winkelgrad					
10	0,94	0,91	0,89	0,88	0,87
15	0,91	0,87	0,84	0,82	0,81
20	0,88	0,82	0,78	0,76	0,74
25	0,84	0,77	0,72	0,69	0,67

Gilt es einen bestimmten effektiven Druckgewinn zu ermitteln, so wird dies leicht zu bewirken sein; man gehe vom zu wählenden Diffusorwinkel aus und den Diagrammwerten; F_2 des Diffusors, sowie dessen Baulänge lassen sich unschwer finden.

Diagramme.

Des öfteren wurde schon betont, daß sich der Ventilatorkonstrukteur häufig der graphischen Methoden bedienen soll, teils grundlegend, teils zur Kontrolle durchgeführter Berechnungen, denn gerade die Sinnfälligkeit des zeichnerischen Verfahrens läßt Fehler nicht leicht aufkommen.

Gilt dies für die Bestimmung der relativen und absoluten Ein- und Austrittsgeschwindigkeiten und den Umfangsgeschwindigkeiten, worüber das Handbuch mehrfache Aufschlüsse und Beispiele bietet, so ganz besonders für manometrische und mechanische Wirkungsgrade der Schleudergebläse, die sich zuverlässig nur durch Messungen festlegen lassen und in tabellarischer Form nicht entfernt die Übersichtlichkeit bieten als graphische Darstellungen, Diagramme genannt.

Dergleichen Diagramme zu entwickeln, ist eine umständliche, aber unerläßliche Arbeit, die sich folgendermaßen vollzieht.

Man nimmt ein Schleudergebläse auf den Prüfstand, trifft die bereits geschilderten Vorbereitungen und beginnt mit der zulässig geringsten Betriebsumlaufzahl sowie ganz geschlossenem Ausblas. Der sich hierbei ergebende Gesamtdruck wird sorgfältig gemessen und notiert. Ist dies geschehen, dann öffnet man die Ausblaseöffnung auf eine Teiläquivalenz, vielleicht $1/4$, und verzeichnet die sich hierbei ergebenden Daten hinsichtlich Pressung, Liefermenge und Kraftbedarf. Ist das geschehen, arbeitet man — immer bei gleicher Umdrehungszahl — mit halber und dann dreiviertel, schließlich mit ganzer Ausblasöffnung. Selbstverständlich sind auch hierbei Druckhöhen, Liefermengen und Kraftbedarf aufzuschreiben. Jetzt ändert man die Tourenzahl nach obenhin und beginnt den ganzen Meßvorgang, wie vorbeschrieben, von neuem und sodann, unter weiterer Tourenerhöhung, bis zur Erreichung der Höchstpressung. Je geringer die jeweiligen Umlaufzahlen differieren, um so genauer wird das Diagramm ausfallen.

Wie die Eintragungen innerhalb eines rechtwinkeligen Koordinaten-systemes zu bewirken sind, zeigt vorstehendes Diagramm, das für eine bestimmte Äquivalenz bei veränderten Umlaufzahlen Gültigkeit besitzt.

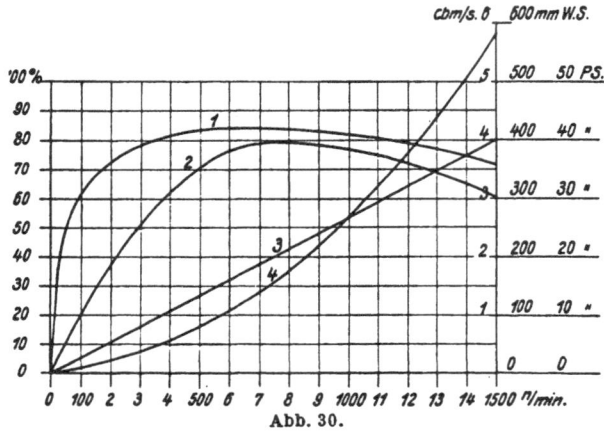

Abb. 30.

Kurve 1 zeigt den Verlauf der Druckhöhen, Kurve 2 den Kraft-bedarf, Kurve 3 die effektiven Liefermengen und Kurve 4 die effektiven Gesamtdruckhöhen für Umlaufzahlen von 0 bis 1500 minutlich.

Da es aber nicht genügt, die Kennlinien eines Schleudergebläses für nur eine bestimmte Äquivalenz zu kennen, sondern für alle Fälle

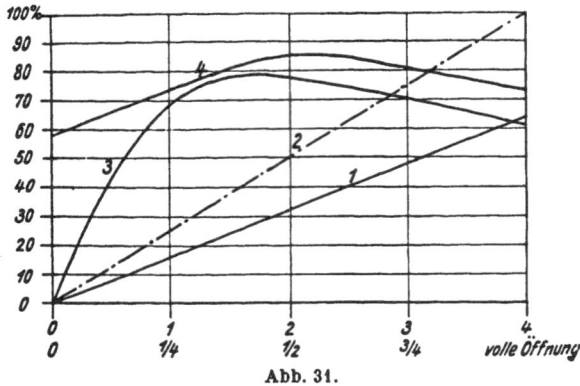

Abb. 31.

von Null bis Voll, so ist noch ein zweites Diagramm anzufertigen, welches die Daten des Ventilators für die verschiedenen Äquivalenzen aufweist.

Da die Messungen über alle Hauptäquivalenzen durchgeführt werden, ist es leicht, die ermittelten Werte in das rechtwinkelige Koordinatensystem einzutragen.

Kurve 1 zeigt die tatsächliche Liefermenge für einseitige, Kurve 2 für beiderseitige Ansaugung, Kurve 3 die mechanischen und Kurve 4 die manometrischen Wirkungsgrade in Prozenten.

Derartige Kennlinien-Diagramme geben, sofern die Messungen gewissenhaft ausgeführt wurden und kein zu kleiner Maßstab für das Diagramm gewählt wird, für alle e i n e n Ventilator betreffenden Betriebs-fälle zuverlässige Aufschlüsse.

Es rechnet nun nicht gerade zu den Annehmlichkeiten, für sämtliche Schleudergebläse einer Fabrikationsreihe derartige Diagramme anzu-fertigen, und zwar auf Grund der vielen hierzu nötigen Messungen. Und doch sind derartige Kenn-linien-Diagramme für jeden Typ einer Reihe unerläßlich.

Hier vermag man unter Heranziehung des bereits besprochenen Proportionalitätssystems und Anwendung des nachstehend beschriebenen Interpolations-verfahrens rasch übersichtliche Ergebnisse zu zeitigen, die als für die Praxis zuverlässig genug bezeichnet werden dürfen.

Durch langjährige Erfah-rungen hat sich die eigentlich naheliegende Tatsache bestätigt, daß Reihenventilatoren, die bis in Kleinigkeiten nach Konstruk-tion und Ausführung überein-stimmen, die auch hinsichtlich ihrer Größenabstufung harmo-

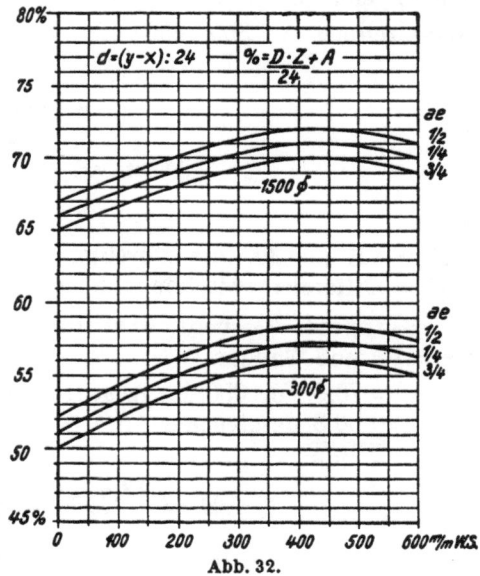

Abb. 32.

nisch abgestimmt sind, übereinstimmende Charakteristik aufweisen, so zwar, daß eine Proportionalität zwischen ihnen besteht. Wohlgemerkt: dies Gesetz gilt nur für Reihenventilatoren; so viele Reihen, so viele Sonderdiagramme müssen aufgestellt werden.

Das folgende Diagramm der mechanischen Nutzungswerte von Hochdruckventilatoren bezieht sich auf die am Schlusse der Einleitung verzeichnete

Hochdruck-Ventilatoren-Serie mit 300 bis 1500 Flügel-Durchmesser

und soll als Beispiel erläutert werden (Abb. 32).

Die wichtigsten Kennlinien sind jene für die manometrischen und mechanischen Nutzungsgrade für die verschiedenen in Frage kommenden Äquivalenzen. Verfügt man über zuverlässige Werte, dann ist es leicht, die effektiven Pressungen und Kraftbedarfe zu berechnen.

Um diese Nutzungswerte als Diagramm für eine Ventilatorenreihe zu gewinnen, hat man die eingangs dieses Abschnittes beschriebene Messung am kleinsten und am größten Gebläse der zu untersuchenden Reihe durchzuführen und die ermittelten Werte, wie das Diagramm dies zeigt, graphisch darzustellen.

Der prozentuale Nutzungswert des kleinsten Ventilators werde mit x, derjenige des größten mit y bezeichnet.

Die Durchmesserdifferenz zwischen dem kleinsten und dem nächstfolgenden Flügelraddurchmesser der Hochdruckventilatoren beträgt 300 zu 350 mm, also 50 mm und gelte als Maßeinheit. Dann ermitteln sich folgende Differenzwerte Z:

Raddurchmesser:	350	400	450	500	600	700	800	1000	1250	1500
$Z =$	1	2	3	4	6	8	10	14	19	24

$$d = (y - x):24$$

und

$$\text{Wert vH} = \frac{D \cdot Z}{24} + A \dots \dots \dots (79)$$

worin:

$A =$ vH für 300 mm Durchm.,

$D =$ Differenz zwischen 1500 und 300 mm Durchm. in Prozenten.

Beispiel: Gesucht wird für Flügelrad 1000 mm Durchm. bei $ae = \frac{1}{4}$ und 350 mm WS.

$y = 70,6$ von 350 der Abszisse nach oben
$x = 56,8$ desgleichen
$\overline{D = 13,8}$

$$\text{vH} = \frac{13,8 \cdot 14}{24} + 56,8 = 64,85.$$

In genau derselben Weise kann man auch bei Aufstellung eines Reihendiagrammes für die manometrischen Wirkungsgrade verfahren.

Die Hintereinander- und die Parallelschaltung von Ventilatoren.

In Fällen, wo es sich darum handelt, große Gasmengen einer Anlage zu fördern oder wo die zu überwindenden Widerstände die Leistungsfähigkeit eines Schleudergebläses übersteigen, greift man wohl dazu, zwei oder mehrere Gebläse gemeinschaftlich wirken zu lassen, und zwar geschieht dies in Hintereinanderschaltung oder in Parallelschaltung. Es heißt dies:

1. für Hintereinander- oder Serienschaltung, daß eine zu fördernde Gasmenge nacheinander sämtliche Schleudergebläse zu passieren habe,

2. für Parallelschaltung, daß ein jeder Ventilator aus einem gemeinsamen Behälter oder in einen solchen hinein unabhängig von den übrigen Gebläsen eine gewisse Gasmenge zu fördern habe.

Letztere Schaltungsart ist in der Praxis überaus selten anzutreffen und dürfte auch nie dauernd zufriedenstellend wirken.

Vermag man schon schwer zwei Pendeluhren hinsichtlich ihres Ganges in Übereinstimmung zu bringen, so gelingt das mit zwei oder gar mehreren Schleudergebläsen noch viel weniger. Am ehesten dürfte es bei direkter Kupplung mit Elektromotoren sein; bei Riemenantrieb ist es ein vergebliches Beginnen, da schon zufolge der Verschiedenartigkeit des Riemenmateriales der »Schlupf« kein gleicher ist und die Umdrehungen der Flügel nicht übereinstimmen können. Nun ist aus dem Proportionalitätsgesetz bekannt, daß die Pressungen im Verhältnis der Quadrate der Tourenzahlen steigen oder fallen.

Beispiel: Ein Ventilator mache minutlich 1200 Umdrehungen und erzeuge dabei eine Gesamtpressung von 400 mm WS; wie hoch wird sich die Pressung stellen, wenn die Tourenzahl nur noch 1000 beträgt?

$$1200^2 = 1\,440\,000 \qquad 1000^2 = 1\,000\,000$$

$$h = \frac{400 \cdot 1\,000\,000}{1\,440\,000} = 278 \text{ mm WS.}$$

Es ist sofort zu erkennen, daß es nur geringer Unterschiede in der Umlaufgeschwindigkeit bedarf, um die Pressung empfindlich zu beeinflussen; bei parallelgeschalteten Gebläsen wirkt sich das dahin aus, daß das stärkere schließlich sogar durch das schwächere hindurchsaugt, bei blasenden Anlagen hindurchdrückt. Es hat sonach gar keinen Zweck, sich mit Anlage solcher Schaltungen zu befassen.

Anders, günstiger liegen die Verhältnisse bei der Serienschaltung, auf welcher übrigens das Prinzip der Turbogebläse, d. h. der Turbokompressoren beruht. Bei Hintereinanderschaltung erzeugt das Schlußgebläse, also dasjenige, dem die Leistungen der übrigen zugeführt werden, nahezu die Summe der Einzeldrücke der übrigen Ventilatoren, allerdings bei nur derjenigen Fördermenge, die der Anfangsventilator zu verzeichnen hat. Das Wesen des Vorganges ist leicht zu begreifen. Die erreichbare Pressung eines Gebläses bildet die Differenz zwischen Eintritts- und Austrittsspannung. Es braucht aber die Eintrittsspannung keineswegs nur gleich der atmosphärischen zu sein; sie kann beliebig höher liegen. Das trifft bei Serienschaltung der Ventilatoren zu, denn das erste Gebläse führt seine Fördermenge unter der derselben zuerteilten Pressung dem zweiten Ventilator zu, der dieselbe Pressung erzeugt wie der erste usw. Angenommen, der erste Ventilator erzeuge eine Gesamtpressung von 450 mm WS, so wird der zweite dieselbe Höhe erreichen und gibt seine Fördermenge unter $P + P_1 = 900$ mm ab, der dritte $P + P_1 + P_2 = 1350$ mm WS usf. Selbstverständlich geht das nicht verlustfrei ab, doch bleibt das Verfahren immerhin wirtschaftlich. Da nicht beabsichtigt ist, dies Handbuch auch auf Verbundgebläse und Turbokompressoren auszudehnen, mag es bei dieser kurzen Schilderung sein Bewenden haben.

Die Antriebsarten.

Schleudergebläse werden auf gar verschiedene Arten angetrieben. Die verbreitetsten sind der Riemenantrieb, der in einem besonderen Abschnitt bereits eingehend beschrieben wurde und die direkte Kupplung des Flügelrades mit Elektromotor. Die sonst noch vereinzelt vorkommenden Antriebe durch direkte Kupplung mit Dampfmaschine, Verbrennungsmotor, Preßluft- oder Wassermotor (Peltonräder) usw. bieten für ein Handbuch wenig Interesse und sollen deshalb von einer Besprechung ausscheiden.

Die direkte Kuppelung eines Elektromotors mit einem Schleudergebläse bezw. dessen Flügelrad erfolgt auf verschiedene Weise.

Für kleine Ventilatoren, insbesondere die sogen. Schmiedeventilatoren, leider auch für grössere, hat sich eingebürgert, das Flügelrad direkt auf die Motorwelle aufzubringen, was indes als direkt verwerflich zu bezeichnen ist, falls Lagerung und Welle des Motors nicht ganz besonders stark ausgebildet sind. Dies wird aber nur sehr selten der Fall sein, weil

Abb. 33.

die Firmen sich ungern mit der Fabrikation abnormaler Typen abgeben, die zudem nur in Mengen Verwendung finden, welche eine Massen- oder Bandfabrikation ausschließen. Die für dergleichen Schleudergebläse zum Anbau gelangenden kleinen Elektromotoren sind ihrer ganzen Bauart und besonders hinsichtlich ihrer Lager nicht geeignet, auf der schwachen Welle ein relativ schweres Flügelrad fliegend aufzunehmen. Jedenfalls muß die Motorwelle auf der Ventilatorseite, also dem Kollektor entgegengesetzt, eine Stumpfverlängerung erhalten, damit die Radnabe vollends zum Aufsitzen kommt. Hundertfältige Erfahrungen des Verfassers haben erwiesen, daß derart fliegende Flügelräder in kurzem die Motorwellen biegen und zufolge der unmäßigen Lagerbelastung diese vorzeitig verschleißen. Beginnt das Flügelrad aber erst zu taumeln, dann streift es mitunter die Wandungen des schmalen Gehäuses und verursacht hierbei nicht nur einen ohrenzerreißenden Lärm, sondern gelangt zu Bruch. Nur wo äußerste Raumbeschränkung herrscht und ein besonders in Welle und Lager kräftig ausgeführter Elektromotor beschafft werden kann, ist das Aufbringen eines fliegenden Rades auf die Welle zuzulassen.

Gelangt nur ein Lager zur Anwendung, wie dies bei einseitig ansaugenden Gebläsen der Fall, dann muß die Kupplung mit der Motorwelle vermittelst einer starren Scheiben- oder Hülsenkupplung erfolgen.

Abb. 34.

Die beste Ausführung besteht in Verwendung zweier Lager für die Flügelradwelle, weil so die Motorwelle bis auf Torsionbeanspruchung völlig entlastet ist. Sind zwei Lager eingebaut, dann kann und soll die Kupplung eine elastische und isolierende sein. Um ein seitliches Wandern des Flügelrades zu unterbinden, werde in mindestens einem der Lager ein auf der Welle aufgeschrumpfter Bund eingebracht, der gleichzeitig als Stellring und Schmierring dient, wie im Abschnitt »Wellen« näher beschrieben. Ist der Ventilator einseitig saugend, dann müssen beide Lager entgegen der Saugöffnung Aufstellung finden; handelt es sich um einen beiderseitig saugenden Ventilator, so kommt vor jede Saugöffnung ein Lager für die durchgehende Welle.

Während bei Anordnung 1 das Flügelrad mit der Motorwelle wandern muß, kann dies bei Anordnung 2 der Fall sein, falls das Wellenlager keinen Stellring erhält; geschieht dies aber, dann wird der Rotor des Motors am Wandern verhindert, was ungern gesehen wird. Bei Verwendung von elastischen Kupplungen gemäß Ausführung 3 und 4 vermag der Rotor zu wandern, ohne das Flügelrad im gleichen Sinne zu beeinflussen.

Wo es sich um Doppelgebläse handelt oder um je ein rechtes und ein linkes, die vom gleichen Elektromotor angetrieben werden sollen, baut man letzteren vorteilhaft zwischen die Gebläse unter Verwendung zweier starren oder elastischen Kupplungen, wie es die Verhältnisse bedingen. Hierbei muß der Motor natürlich eine nach beiden Seiten hin verlängerte Welle erhalten.

Für gewöhnlich wird ein Ventilator in einer Anlage mit gleichbleibenden Touren laufen, doch sind es der Fälle nicht wenige, in denen es erforderlich wird, die Umlaufzahl des Gebläses gelegentlich zu ändern. Dies wird sich insbesondere bei Heizungsanlagen erforderlich machen, sobald einige Stränge derselben abgestellt werden. Auch bei Saugzuganlagen, sofern ein Exhaustor mehrere Kessel zu bedienen hat, von denen zeitweise nicht alle in Betrieb stehen, oder wenn es sich nur um einen Kessel handelt, dieser mitunter Spitzenleistung zu bieten hat. Die abzusaugenden Rauchgasmengen schwanken und auch die Summe der Widerstände. Man vermag sich zwar durch Betätigung von Reglern (Schieber, Drosselklappen u. dgl.) zu helfen, doch sind damit immer nennenswerte Verluste verbunden. Im Abschnitt: »Berechnung einer Saugzuganlage« werden hierfür ziffermäßige Aufschlüsse gegeben.

Das Richtige ist immer, eine Änderung der Umlaufzahlen herbeizuführen, wodurch einerseits die Fördermenge und anderseits die Druckhöhe beeinflußt wird.

Gelangen Gleichstrommotore zur Verwendung, namentlich solche mit Feldregulierung, so lassen sich die Umlaufzahlen innerhalb weiter Grenzen verschieben, was bei Drehstrommotoren nicht so weit, bei solchen mit Kurzschlußanker überhaupt nicht der Fall ist. Drehstrommotore weisen bestimmte Touren auf, und zwar gilt:

Polzahl	2	4	6	8	10	12	14	16
n theor.	3000	1500	1000	750	600	500	430	375
n Vollast	2850	1425	900	715	570	475	410	355

bei 100 Wechsel = 50 Perioden (Frequenz 50).

Die Touren ändern sich proportional mit der Frequenz.

Die Auswahl ist sonach eine reichliche und dürfte es stets gelingen, einen passenden Motor zu beschaffen. Es ist aber wohl darauf zu achten, daß der Motor, dessen Leistung mit abnehmenden Touren sinkt, auch bei den niedrigsten noch hinlänglich Kraft entwickelt, denn eine längere Überlastung würde zum Durchbrennen des Ankers führen. Selbstverständlich muß der Motor für die Höchstleistung des Ventilators ausreichen; um allen Unannehmlichkeiten zu begegnen, erscheint es ratsam, kleinere Motoren 20 bis 25 vH, größere 10 bis 15 vH stärker zu wählen, als es die Gebläsehöchstleistung erfordert.

Da bei jeder Anlage die gesamten Leitungs- und anderen Widerstände auch beim Anlassen des Motors vorliegen, würde dieser solange einer starken Überlastung ausgesetzt sein, bis er auf volle Touren gekommen ist. Dies muß verhindert werden und geschieht dadurch, daß man beim Anlassen je nach Erfordernis die Saug- oder Druckleitung durch eine Drosselklappe oder ein Blech absperrt, so daß das Gebläse zunächst leer läuft.

„Kritische" Umlaufzahlen.

Früher, als man noch nicht versuchte, die heute bei Schleudergebläsen häufigen hohen Pressungen zu erreichen, erschien es nicht unbedingt erforderlich, die sog. »kritischen Umlaufzahlen« zu ermitteln, weil sich die zur Erreichung geringer Pressungen nötigen Touren innerhalb ungefährlicher Grenzen hielten. Es genügte meist, sofern die Flügelradwellen nicht stark belastet und weit gelagert waren, nach einer der folgenden Gleichungen zu bestimmen, weil darin der Biegungsbeanspruchung hinlänglich Rechnung getragen ist

oder:

$$d = \sqrt[3]{\frac{P \cdot R}{0,2 \cdot 1,2}} = 1,61 \cdot \sqrt[3]{P \cdot R}$$

$$d = \sqrt[3]{\frac{3\,581\,000 \cdot PS}{1,2 \cdot n}} = 144 \cdot \sqrt[3]{\frac{PS}{n}}.$$

Wollte man ein übriges tun, dann errechnete man die Drehungs- und Biegungsmomente und bestimmte hieraus die zusammengesetzte Festigkeit $M_t = W \cdot k_b$.

Bei hohen Umlaufzahlen machen sich die geringsten Ungenauigkeiten in der Herstellung der Flügelräder bzw. Unbalancen derer Auswuchtung nicht nur unliebsam bemerkbar (Schläge in den Lagern), sondern vermögen sogar den Bruch der Welle herbeizuführen. Zur richtigen Erkenntnis dieser Tatsache gelangte man erst, als merkbare Durchbiegungen, ja sogar Brüche von schnellaufenden Rotor- und Dampfturbinenwellen auftraten, die bei genauer Untersuchung allein auf Unbalancen zurückgeführt werden mußten. Es zeigte sich, daß das früher allein übliche und leider auch heute überwiegend zur Anwendung gelangende statische Auswuchten von Hand auf Prismen keineswegs genüge und schritt zur Konstruktion und zum Bau von Vorrichtungen, welche ein wirklich genaues Auswuchten gestatteten. Über Auswuchten im allgemeinen und Wuchtmaschinen im besonderen soll ein eigener Abschnitt Aufklärungen geben.

Da die Beanspruchung der Wellen so wenig wie anderer Konstruktionsteile bis zur Bruchgrenze getrieben werden darf, erhellt, daß die Betriebstourenzahl unterhalb der kritischen Umlaufzahlen liegen muß, wenn die erforderliche Sicherheit gegen Formveränderung geboten sein soll.

Vor Eintritt in die Abhandlung selbst mögen die erforderlichen Bezugszeichen gegeben werden. Es bedeuten:

M = Maße in kg,
G = Gewicht in kg,
c = Geschwindigkeit in m/sek,
n = minutliche Umlaufzahl,
n_k = kritische Umlaufzahl,
r = Radius und Entfernung in m,
C = Zentrifugalkraft in kg,
g = 9,81 Beschleunigung durch die Schwerkraft,
e = Exzentrizität in cm,
y = Durchbiegung der Welle in cm,
ω = Winkelgeschwindigkeit in m/sek,
P = Kraft in kg, welche die Welle um 1 cm durchbiegt,
L = Länge in cm,
E = Elastizitätsmodul in kg/cm,
J = Trägheitsmoment in cm zur 4. Potenz,
W = Widerstandsmoment in cm zur 3. Potenz,
M_t = Torsionsmoment in m/kg,
M_b = Biegungsmoment in m/kg,
M_i = ideelles Moment in m/kg,
k_t = zulässige Torsionsbeanspruchung in kg/cm,
k_b = zulässige Biegungsbeanspruchung in kg/cm,
k_i = zulässige Beanspruchung für zusammengesetzte Festigkeit.

Ist eine Masse $M = G : g$ in der Entfernung r m außerhalb des Wellenmittels befestigt, d. h. liegt der Schwerpunkt S des auf der Welle verkeilten oder sonstwie befestigten Flügelrades außerhalb des Wellenmittels und macht die Welle n minutliche Umdrehungen, so ist die Umfangsgeschwindigkeit der Masse, bzw. des Schwerpunktes

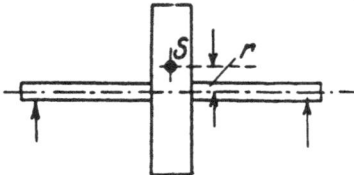

Abb. 35.

$$c = \frac{2 \cdot r \cdot \pi \cdot n}{60}.$$

Die Zentrifugalkraft ist dann:

$$C = \frac{M \cdot c^2}{r} = \frac{G \cdot c^2}{g \cdot r}.$$

Angenommen nun, es zeigen Welle und Flügelrad ungeachtet vermeintlich sorgfältiger Auswuchtung doch eine geringe Abweichung von völlig gleichmäßiger Massenverteilung um die Wellenmitte, so daß der Schwerpunkt des gesamten Drehkörpers um ein kleines Stückchen e vom Wellenmittel entfernt liegt, dann wird das im Schwerpunkte vereinigt gedachte Gesamtgewicht G mit der geringen Exzentrizität e um die Wellenmitte kreisen.

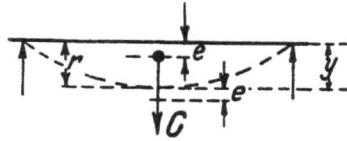

Abb. 36.

Unter dem Einflusse der Zentrifugalkraft wird aber die Exzentrizität immer größer, d. h. sie wächst mit der steigenden Umdrehungszahl. Bezeichnet man die mit der steigenden Umlaufzahl zunehmende Durchbiegung der Welle mit y, so ergibt sich die Exzentrizität der rotierenden Masse zu

$$r = y + e.$$

Ist nun die Umfangsgeschwindigkeit $c = r$, so ermittelt sich für die Zentrifugalkraft:

$$C = \frac{G \cdot r^2 \cdot \omega^2}{g \cdot r} = \frac{G}{g} \cdot r \cdot \omega^2 = \frac{G}{g} \cdot \omega^2 \cdot (y + e).$$

Dieser Kraft, welche eine Durchbiegung der Welle bewirkt, setzt sich die Widerstandsfähigkeit der Welle selbst entgegen. Wenn also P als diejenige Kraft angesehen wird, welche die Welle um 1 cm durchzubiegen vermag, so ist $P \cdot y$ die Kraft, welche die Welle um y durchbiegt. Eben diese Kraft muß also der Zentrifugalkraft das Gleichgewicht zu halten vermögen. Es muß mithin sein:

$$C = P \cdot y \quad \text{oder} \quad \frac{G}{g} \cdot \omega^2 \cdot (y + e) = P \cdot y$$

oder, die Klammer aufgelöst,

$$\frac{G}{g} \cdot \omega^2 \cdot y + \frac{G}{g} \cdot \omega^2 \cdot e = P \cdot y$$

sowie weiter, nach y geordnet

$$\frac{G}{g} \cdot \omega^2 \cdot e = P \cdot y - \frac{G}{g} \cdot \omega^2 \cdot y = y \cdot \left(P - \frac{G}{g} \cdot \omega^2 \right).$$

Ergibt sich hier

$$\frac{P}{G} \cdot \frac{g}{\omega^2} = 1,00,$$

dann wird der Nenner O und sonach

$$y = \frac{e}{0},$$

d. h. die Welle muß unbedingt zu Bruch gehen, wennschon der Wert e für die anfängliche Exzentrizität sehr klein war.

Für diesen Fall werde die Winkelgeschwindigkeit als die kritische mit ω_k bezeichnet und wird mithin:

$$\frac{P}{G} \cdot \frac{g}{\omega_k{}^2} = 1,00,$$

also

$$\omega_k = \sqrt{\frac{P \cdot g}{G}} = \sqrt{\frac{P}{M}}.$$

Die dieser kritischen Winkelgeschwindigkeit entsprechende Tourenzahl wird die kritische Umlaufzahl n_k genannt. Es ist:

$$\frac{2 \cdot \pi \cdot n_k}{60} =$$

und damit

$$n_k = \omega_k \cdot \frac{30}{\pi} \quad \text{bzw.} \quad \frac{30}{\pi} \cdot \sqrt{\frac{P \cdot g}{G}},$$

worin $g = 9{,}81$ cm/sek^2 zu setzen ist. Es ermittelt sich sonach die kritische Umlaufzahl zu:

$$n_k = 300 \cdot \sqrt{\frac{P}{G}}.$$

Sofern die Winkelgeschwindigkeit ω größer als die kritische Winkelgeschwindigkeit ω_k, was eintritt, wenn die Welle an der Durchbiegung gehindert wird, dann ergibt sich

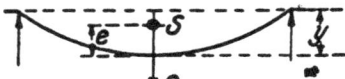

Abb. 37.

y negativ, d. h. die Durchbiegung erfolgt nach der Seite der Exzentrizität e hin und wird um so kleiner, je mehr die Winkelgeschwindigkeit ω wächst. Die Welle besitzt dann eine freie Achse und damit eine neue Gleichgewichtslage.

Die Kraft P, welche es vermag, die Welle 1 cm durchzubiegen, läßt sich folgendermaßen feststellen.

Für eine in der Mitte belastete Welle ist die Durchbiegung:

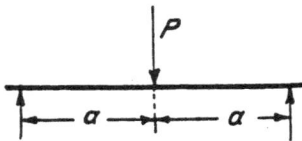

Abb. 38.

$$y = \frac{P \cdot L^3}{E \cdot J \cdot 48}$$

und wenn $y = 1{,}00$, dann ist

$$y = \frac{1}{48} \cdot \frac{P \cdot L^3}{E \cdot J},$$

woraus sich nach Einrichtung

$$P = \frac{6 \cdot E \cdot J}{a^3}$$

ergibt.

Unter Verwendung vorstehender Gleichung kann gleichfalls die kritische Umlaufzahl errechnet werden, denn wenn

$$n_k = 300 \cdot \sqrt{\frac{P}{G}}$$

ist, dann gilt:

$$n_k = 300 \cdot \sqrt{\frac{6 \cdot E \cdot J}{a^3 \cdot G}}.$$

Weiters läßt sich die kritische Umlaufzahl aber auch aus der Durchbiegung y ermitteln. Ist y die statische Durchbiegung der Welle als eine Folge der Belastung G gemäß Abb. 39 und ist 1,00 die Durchbiegung infolge Belastung durch P, dann ergeben sich folgende Verhältnisse:

$$P : G = 1 : y$$

und demnach

Abb. 39.

$$n_k = 300 \cdot \sqrt{\frac{1}{y}}.$$

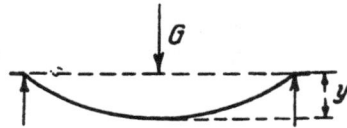

In der Praxis hat sich herausgestellt, daß die tatsächlichen Touren des Ventilators die Hälfte bis ein Drittel der kritischen Umläufe bilden sollen, wenn die angestrebte Sicherheit geboten sein soll. Ist es aber schon ratsam, die Berechnung für minder wichtige Fälle durchzuführen, so wird dies zur unabwendbaren Pflicht, wenn es sich um größere Objekte und besonders schnellaufende Maschinen handelt. Die Prüfung einer in der Mitte belasteten Welle mit hoher Umlaufzahl auf Festigkeit möge nach folgendem Verfahren vor sich gehen.

Es ist

$$y = \frac{1}{48} \cdot \frac{P \cdot L^3}{E \cdot J}$$

und mithin ist

$$J = \frac{P \cdot L^3}{48 \cdot E}.$$

Aus der Gleichung für die kritische Umlaufzahl bestimme man zunächst die Kraft P nach

$$n_k = 300 \cdot \sqrt{\frac{P}{G}} \quad \text{zu} \quad P = \frac{n_k^2 \cdot G}{300^2}$$

und setze den erhaltenen Wert in die das Trägheitsmoment J bestimmende Gleichung

$$J = \frac{n_k^2 \cdot G \cdot L^3}{300^2 \cdot 48 \cdot E},$$

worin $E = 2\,000\,000$ für minder guten Stahl, wie solcher meist zu Wellen Verwendung findet und $2\,200\,000$ für guten Stahl eingeführt werden soll.

Für das sich ergebende Trägheitsmoment J errechnet man dann den Wellendurchmesser aus der Gleichung:

$$J = \frac{\pi}{64} \cdot d^4.$$

Ist der Wellendurchmesser bestimmt, dann ist das Widerstandsmoment aus

$$W = \frac{\pi}{32} \cdot d^3$$

festzulegen, errechnet sodann das maximale Biegungsmoment unter Beachtung des Gewichtes G zu

$$M_b = \frac{G \cdot L}{4}$$

und alsdann das Drehmoment

$$M_t = 71\,620 \cdot \frac{PS}{n}$$

und ermittelt schließlich das ideelle Moment aus:

$$M_t = 0{,}35 \cdot M_b + 0{,}65 \cdot \sqrt{M_b{}^2 + M_t{}^2} = W \cdot k_i,$$

worin $k_i = 500$ kg/qcm betragen darf.

Die so berechnete Beanspruchung k_i erhöht sich aber durch die Fliehkraft, welche durch die Exzentrizität e geschätzt wurde. Die Durchbiegung als eine Folge der Zentrifugalkraft C wird

$$y = \frac{e}{\dfrac{P}{G} \cdot \dfrac{g}{\omega^2} - 1{,}0} \quad \text{wo} \quad \omega = \frac{\pi \cdot n}{30}$$

wenn n die tatsächliche Betriebsumlaufzahl ist.

Für den so ermittelten Wert für y ist dann noch die entsprechende Kraft P' zu bestimmen, deren Wert zum Gewicht G hinzuzuschlagen ist. Für $G + P'$ ist dann das Biegungsmoment

$$M_b' = \frac{(G + P') \cdot 1}{4}$$

und das Drehmoment weist den früheren Wert auf. Schließlich ist dann

$$M_i' = 0{,}35 \cdot M_b' + 0{,}65 \cdot \sqrt{(M_b')^2 + (M_t)^2} = W \cdot k_i,$$

woraus die tatsächliche Beanspruchung k_i zu errechnen ist.

Bevor ein Beispiel zwecks sicherer Anwendung der vorstehenden Ausführungen geboten wird, soll noch auf eine Erleichterung der Berechnung des M_t hingewiesen werden. Die Ausrechnung der zugehörigen Gleichung ist zwar keineswegs schwierig, hingegen zeitraubend.

Das nachstehend beschriebene Verfahren hat sich durchaus bewährt; die sich hierbei gegenüber genauer Ausrechnung ergebenden Differenzen bleiben immer unter 4 vH., die bei Festigkeitsrechnungen füglich vernachlässigt werden können.

Ist M_b größer als M_t, dann ist

$$M_i = 0,975 + 0,249 \, M_t$$

und ist M_t größer als M_b, dann ist

$$M_i = 0,624 \, M_b + 0,600 \, M_t$$

z. B.

$$M_i = 0,35 \cdot 10000 + 0,65 \sqrt{10000^2 + 5000^2}$$

ist ausgerechnet 10775 und nach der vereinfachten Methode, da M_b größer als M_t

$$0,975 \cdot 10000 + 0,249 \cdot 5000 = 10995.$$

Die Differenz gegenüber 10775 beträgt 220 oder 2,02 vH. Auf die Werthöhe von W hat dies keinerlei Einfluß, denn k_i mit 500 kg/cm als zulässig angenommen, ermittelt sich für beide Fälle zu rund 21,6 bzw. 22,0.

Beispiel. Es ist die kritische Umlaufzahl und die Beanspruchung der Flügelradwelle eines Hochdruckventilators zu berechnen, über den folgende Daten vorliegen:

Flügelraddurchmesser = 800 mm.

Minutliche Fördermenge = 205 cbm von 20° C bei 760 mm QS.

Gesamtpressung = 600 mm WS.

Abb. 40.

Abstand der Lagermittel = 800 mm.

Gewicht des Flügelrades = 35 kg.

Minutliche Betriebstouren = 1770.

Mechanischer Wirkungsgrad ε = 60,8 vH.

Zuerst werde der effektive Kraftbedarf ermittelt

$$PS = \frac{Q \cdot h}{4500 \cdot \varepsilon} = \frac{205 \cdot 600}{4500 \cdot 0,608} = \text{rund } 45,00.$$

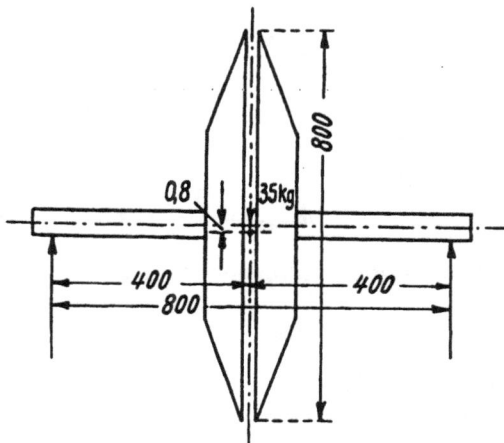

7*

Als Durchmesser der Riemenscheibe soll 250 mm angenommen werden, dann ergibt sich für den Riemen eine sekundliche Geschwindigkeit von

$$c = \frac{D \cdot \pi \cdot n}{60} = \frac{0,785 \cdot 1770}{60} = 23,15 \text{ m}$$

oder rund 23 m/sek.

Die Breite des Riemens — 130 g Beanspruchung pro qmm Querschnitt angenommen — ist folgendermaßen zu ermitteln.

K sei die vom Riemen zu übertragende Kraft in kg, dann ist:

$$K = \frac{\text{PS} \cdot 75}{c} = \frac{45 \cdot 75}{23} = \text{rund } 147 \text{ kg}$$

und nun 147000:130 = 1130 qmm Querschnitt.

Wird die Dicke des Riemens zu 6 mm angenommen, dann ergibt sich eine Riemenbreite von 1130:6 = 188 bzw. 190 mm und die Breite der Riemenscheibe beträgt 1,1 · B + 10 = rund 220 mm.

Der Durchmesser der Flügelradwelle werde zunächst überschläglich nach der Formel für unter 120 mm Durchm. und einem Verdrehungswinkel von ¼° auf 1 m Länge ermittelt, und zwar für eine Beanspruchung von $k_t = 150$ kg/qcm, dann ist

$$d = 12 \cdot \sqrt[4]{\frac{\text{PS}}{n}} = 12 \cdot \sqrt[4]{\frac{45}{1770}} = 4,79 \text{ oder rund 5 cm.}$$

Diese Welle wiegt pro 1 m = 15,3 kg, bei 0,80 m Länge sonach 15,3 · 0,80 = 12,24 kg. Als gleichmäßig verteilte Last ergibt sich für diese Welle

$$M_{\text{max}} = \frac{Q \cdot L}{8} = \frac{12,24 \cdot 80}{8} = 122,4 \text{ kg}$$

und für dasselbe Moment stellt sich die Einzellast auf

$$M_{\text{max}} = \frac{x \cdot 80}{4} = x \cdot 20 = 122,4.$$

x ist sonach 6,12 kg. Diese sind zur Einzellast des Flügelrades = 35 kg hinzuzurechnen, so daß die Welle eine Gesamteinzellast von rd. 41 kg in der Mitte zu tragen hat.

Hierfür macht sich ein Widerstandsmoment von

$$W = \frac{P \cdot L}{4 \cdot k_b} = \frac{41 \cdot 80}{4 \cdot 800} = \text{rund } 1,00$$

erforderlich.

Da nun

$$W = \frac{\pi}{32} \cdot d^3$$

gleich 0,1 · d^3. in vorliegendem Falle gleich 0,1 · 125 = 12,5 ist, wäre die Welle reichlich stark.

Unter Anwendung der in diesem Abschnitt gebotenen Gleichungen werde jetzt zur Bestimmung der kritischen Umlaufzahl geschritten

$$n_k = 300 \cdot \sqrt{\frac{6 \cdot E \cdot J}{a^3 \cdot G}} = \sqrt{\frac{6 \cdot 2\,000\,000 \cdot J}{40^3 \cdot 41}} \cdot 300.$$

Da $d = 5$ cm ist dessen Trägheitsmoment

$$J = \frac{\pi}{64} \cdot d^4$$

ist rd. 30,70 cm⁴ und nunmehr

$$n_k = 300 \cdot \sqrt{\frac{6 \cdot 2\,000\,000 \cdot 30,7}{64\,000 \cdot 41}} = 300 \cdot 140,4 = \underline{3554}$$

und da $\dfrac{n_k}{n} = 2$ bis 3, in diesem Fall also $\dfrac{3554}{1770} =$ rd. 2 ist, muß die Betriebstourenzahl als genügend angesehen werden.

Nun soll P, die Kraft, welche die Welle 1 cm zu durchbiegen vermag, gesucht werden. Die errechnete kritische Umlaufzahl soll abgerundet und mit 3600 eingeführt werden

$$P = \frac{n_k^2 \cdot G}{300^2} = \frac{3600^2 \cdot 41}{300^2} = \frac{531\,360\,000}{90\,000} = 5904 \text{ oder rund } 5900 \text{ kg.}$$

Das Trägheitsmoment ist:

$$J = \frac{P \cdot L^3}{48 \cdot E} = \frac{5900 \cdot 512\,000}{48 \cdot 2\,000\,000} = \text{rund } 31,5$$

und mithin, da

$$\frac{\pi}{64} \cdot d^4 = 31,5,$$

so ist der Durchmesser

$$d = \sqrt[4]{\frac{31,5 \cdot 64}{\pi}} = 5 \text{ cm.}$$

Das Widerstandsmoment ist

$$W = \frac{\pi}{32} \cdot d^3 = 0,1 \cdot d^3 = 12,5 \text{ cm}^3$$

und das Biegungsmoment

$$M_b = \frac{G \cdot L}{4} = \frac{41 \cdot 80}{4} = 820 \text{ cm/kg.}$$

Das Drehmoment stellt sich auf

$$M_t = 71\,620 \cdot \frac{PS}{n} = 71\,620 \cdot \frac{45}{1770} = 182 \text{ cm/kg.}$$

und aus den beiden Momenten bestimmt sich das ideelle Festigkeits moment zu

$$M_i = 0{,}35 \cdot 820 + 0{,}65 \sqrt{820^2 + 182^2} = 833 \text{ cm/kg}.$$

Da M_i gleich $W \cdot k_i$ ist, stellt sich

$$k_i = \frac{M_i}{W} = \frac{833}{12{,}5} = \text{rund } 67{,}0 \text{ kg/cm}.$$

Die anfängliche Exzentrizität sei geschätzt auf $e = 0{,}8$ mm bzw. 0,08 cm; dann ist die Durchbiegung der Welle

$$y = \frac{e}{\dfrac{P}{G} \cdot \dfrac{g}{\omega^2} - 1} = \frac{e}{\dfrac{P}{M} - 1} \cdot$$

Hierin ist

$$M = \frac{G}{g} = \frac{41}{9{,}81} = 0{,}0418.$$

0,0418 kg/cm² und

$$\omega = \frac{\pi \cdot n}{30} = \frac{3{,}14 \cdot 1770}{30} = 185{,}5$$

und nun ist

$$y = \frac{0{,}08}{\dfrac{5900}{0{,}0418 \cdot 185{,}5^2 - 1{,}0}} = 0{,}0262 \text{ cm}.$$

Die entsprechende Kraft ist

$$P' = \frac{48 \cdot y \cdot E \cdot J}{L^3} = \frac{48 \cdot 0{,}0262 \cdot 2000000 \cdot 31{,}5}{512000} = \text{rund } 155{,}0 \text{ kg}$$

und die gesamte Biegekraft ist gleich

$$G + P' = 41 + 155 = 196 \text{ kg}.$$

Das Biegungsmoment ist jetzt:

$$M_b' = \frac{196 \cdot 80}{4} = 3920 \text{ cm/kg}.$$

Das Drehmoment M_t bleibt 182 cm/kg und das ideelle Festigkeits moment stellt sich auf

$$M_i' = 0{,}35 \cdot 3920 + 0{,}65 \sqrt{3920^2 + 182^2} = 3923 \text{ cm/kg}$$

und dann ist die Beanspruchung:

$$k_i = \frac{M_i'}{W} = \frac{3923}{12{,}5} = 314 \text{ kg/cm}^2,$$

was weit unter der zulässigen Grenze liegt.

Das Auswuchten der Flügelräder und die hierfür geeigneten Vorrichtungen und Maschinen.

In vielen Fällen werden an Schleudergebläsen mehr oder minder heftige Erschütterungen beobachtet, deren weitgehendste Beseitigung dringend gefordert werden muß, denn diese Erschütterungen wirken nicht nur äußerst lästig, vielmehr geben sie Anlaß zu den ernstesten Störungen. Sie zermürben das Mauerwerk und die Konstruktionen der Gebäudeteile, in denen das Gebläse Aufstellung fand und bedingen ferner oft unangenehme Betriebsstörungen. Verschraubungen und Vernietungen am Gehäuse und Flügelrad lockern sich, unter Umständen kommt es sogar zu sog. Ermüdungsbrüchen irgendwelcher Konstruktionsteile, die auf langsame Zermürbung des Gefüges durch die Zusatzbeanspruchungen, welche die Erschütterungen bedingen, zurückzuführen sind. In allen Fällen werden die Lager unzulässig hoch belastet, ein gesteigerter Ölverbrauch, rasches Auslaufen der Lagerschalen, oft sogar Heißlaufen derselben ist die Folge. Wie ersichtlich, ist sonach die Beseitigung der Erschütterungen keineswegs ein Luxus, sondern eine dringende Notwendigkeit.

Erschütterungen sind erzwungene Schwingungen, deren Zustandekommen zweierlei voraussetzt, nämlich:

1. einen aktiven Teil, der die Schwingungen erregt und die zu ihrer Aufrechterhaltung nötige Energie hergibt und

2. einen passiven Teil, der zu den Schwingungen gezwungen wird.

Der aktive Teil, d. h. die erregende Ursache, ist in sog. »freien Fliehkräften« zu suchen, die sich am Rotor, hier das Flügelrad, ausbilden und mit ihm umlaufen. Sie werden dadurch wachgerufen, daß die Masse des Flügelrades nicht gleichmäßig um die Welle bzw. Drehachse verteilt ist, sondern einseitige Verlagerungen, »Unbalancen«, aufweist.

Der passive Teil ist in allen Fällen das Ventilatorgehäuse; unter Umständen wird auch das Fundament in Mitleidenschaft gezogen.

Die Beseitigung der »Unbalanz« ist ein altes Bestreben und wurde bis zum Jahre 1890 durch die bekannte statische Auswuchtung gehandhabt. Daß es neben der statischen Unbalanz auch eine dynamische gebe, muß damals wohl erkannt worden sein, denn einige Hinweise aus der Fachliteratur lassen den Schluß zu, daß um 1890 herum in verschiedenen Staaten gleichzeitig angestrebt wurde, den Rotor im umlaufenden Zustand auf Massenverlagerung hin nachzuprüfen. Die damals gezeitigten Ergebnisse konnten nicht als wirtschaftlich zufriedenstellend bezeichnet werden; das dynamische Auswuchten großer Rotore mittels der empirischen Mittel heischte Wochen und gar Monate.

Im Jahre 1908 fand Dr. Lawaczeck den Schlüssel zu einer mathematisch exakten Auswuchtmethode. Die erste Versuchsmaschine erbrachte schon den Beweis dafür, daß der richtige Weg beschritten war und mittels der verbesserten zweiten durfte das Problem als grundlegend gelöst betrachtet werden. Eine im Jahre 1916 von Dr.-Ing. Heymann weiter durchgeführte Vervollkommenung der Maschine beseitigte jegliche Rechenoperationen und gestattete ein restloses Auswuchten rein werkstattmäßig. Für etwa 96 bis 98 vH aller Prüfkörpergattung kann das Auswuchtproblem als technisch völlig gelöst bezeichnet werden.

Unabhängig von Dr. Lawaczeck trat in Amerika im Jahre 1916 Akimof auch mit einer theoretisch richtigen Auswuchmaschine auf den Markt. Seine Maschine ist aber ziemlich kompliziert und schwer; auch ist zu bemängeln, daß die von ihr ermittelten Ergebnisse zwecks Umwertung einem Rechnungsverfahren unterzogen werden müssen.

In neuerer Zeit hat auch die Firma Friedr. Krupp A.G. in Essen den Bau von Wuchtmaschinen aufgenommen.

Die Heftigkeit der Erschütterungen, die durch die in den Lagern wirkenden Zusatzreaktionen erzeugt werden, ist nicht allein von der Größe der Zusatzreaktionen abhängig; vielmehr spielt hierbei ein weiterer Faktor eine sehr bedeutende Rolle, den man allgemein als die »Empfindlichkeit« des Gehäuses, welches die Lager trägt, bezeichnen kann. Bei näherem Zusehen hat es damit folgende Bewandtnis:

Jedes Schleudergebläsegehäuse bildet ein schwingungsfähiges Gebilde, das genau so wie jedes Pendel, jede schwingende Zunge o. dgl., eine bestimmte Eigenschwingungszahl besitzt. Wenn nun die Taktzahl, mit der die Erregerkräfte einwirken, mit dieser Eigenschwingungszahl zusammenfällt oder auch nur in ihre Nähe kommt, so vermögen bereits verhältnismäßig geringfügige Kräfte außerordentlich heftige Schwingungen hervorzurufen, eine Erscheinung, die man als »Resonanzwirkung« bezeichnet. Glücklicherweise ist das Drehzahlgebiet, in dem Resonanz auftritt, im allgemeinen sehr schmal begrenzt, so daß man in solchen Fällen durch verhältnismäßig geringfügige Versteifung des Gehäuses die Eigenschwingungszahl genügend weit aus der Betriebsdrehzahl hinaus verlegen kann. Mit einem in Resonanznähe befindlichen Gehäuse wird man, auch bei hochempfindlicher Beseitigung der Lagerreaktionen, keinen einwandfreien Lauf erzielen können, da stets geringe Erregerkräfte vorhanden sein werden, die zu Schwingungen führen.

Durch eine lange Reihe sorgfältigster Auswuchtungen wurde die grundlegende Erkenntnis zutage gefördert, daß es möglich ist, einen jeden Rotor durch zwei Gegengewichte, die indessen unbedingt in zwei verschiedenen Schnittebenen senkrecht zur Drehachse untergebracht werden müssen, so auszugleichen, daß der Körper, hier somit das Flügelrad, kräftefrei läuft, d. h. daß keinerlei Zusatzbelastungen in den Lagern entstehen. An den beiden Gegengewichten bilden sich zwei Fliehkräfte aus, die ihrerseits wieder ein Kraftkreuz bilden und genau dem Kraftkreuz der zusätzlichen Lagerreaktionen das Gleichgewicht halten. Vor allen Dingen muß man sich klarmachen, daß es sich bei der Auswuchtung stets um die Beseitigung eines Kraftkreuzes handelt, und daß ein derartiges Kraftkreuz nur durch ein entsprechendes Gegenkraftkreuz, niemals aber durch eine Einzelkraft aufgehoben werden kann.

Nach einem Gesetze der Dynamik können mehrere an einem starren Körper angreifende Kräfte durch eine Kraft ersetzt werden, die im Schwerpunkt des Körpers angreift und gleich der Summe der Einzelkräfte ist. Sowohl die Lage des Schwerpunktes, in welchem man sich die Gesamtmasse des Körpers vereinigt denken muß, wie die resultierende Kraft lassen sich unschwer berechnen. Es ist ohne weiteres klar, daß wenn der Schwerpunkt nicht in der Drehachse liegt, sondern eine gewisse Exzentrizität gegen diese besitzt, sich an demselben eine Fliehkraft entwickelt. Sie verschwindet, wenn der Schwerpunkt in die Drehachse fällt, wenn also der Radius, an dem der Schwerpunkt (d. h. die Masse, welche die Fliehkraft ausbildet) umläuft, gleich Null ist, und zwar gilt diese Erkenntnis für alle Drehzahlen.

Die genaue Zentrierung des Schwerpunktes ist also eine notwendige Bedingung für die Beseitigung der Zusatzkräfte in den Lagern. Diese Bedingung allein reicht aber nicht aus, sondern muß durch eine zweite ergänzt werden. Wie aus der Statik bekannt, kann sich ein Körper nur dann im Gleichgewicht befinden, wenn nicht allein die Summe aller Kräfte, sondern auch die Summe aller Momente gleich Null wird.

Vom Standpunkte der Praxis aus unterscheidet man zwei grundsätzlich verschiedene Möglichkeiten der Unbalanzverteilung, deren Wesen nach den erfolgten Ausführungen ohne weiteres verständlich sein dürfte, nämlich:

1. die sog. »statische« Unbalanz und
2. die sog. »dynamische« Unbalanz.

Die statische Unbalanz ist gleichbedeutend mit der Exzentrizität des Schwerpunktes bezüglich der Drehachse. Sie hat ihren Namen daher, daß dieser Fehler bereits wahrgenommen werden kann, während der Körper sich in Ruhe befindet. Legt man denselben mit seinen Lagerzapfen auf zwei genau ausgerichtete Lineale, so wird er auf denselben solange abrollen, bis sein Schwerpunkt genau senkrecht unter die Unterstützungsachse, d. h. die Verbindungslinie der Berührungspunkte

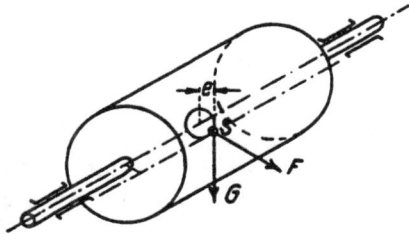

Abb. 41.

zwischen Lagerzapfen und Schneiden zu liegen kommt. Um den Schwerpunkt in die Achse zu verlegen, hat man nur nötig, in der Scheitellinie des abgerollten Körpers, d. h. also um 180° gegenüber seinem Schwerpunkte, soviel Gewicht anzubringen, daß er in jeder Lage liegen bleibt, ohne die geringste Neigung zu zeigen, sich zu drehen, was man leicht durch gefühlsmäßiges Probieren erreichen kann (s. Abb. 41).

Die Genauigkeit des einfachen Abrollverfahrens ist bei nicht allzu schweren Körpern eine sehr gute, sofern man gemäß folgender Abbildung zum Abrollen genau rundgeschliffene Walzen mit glasharter Oberfläche wählt.

Abb. 42.

Ein solcher Balancierbock mit Dosenlibelle und drei Justierschrauben zum genauen Einstellen läßt das Auswuchten von Flügelrädern von 250 bis 1400 mm Durchmesser im Gewichte bis zu 200 kg zu. Die erreichte Genauigkeit ergab sich zu 2 g, bezogen auf einen Radius von 200 mm und 9 kg Gewicht. Das ergibt eine nachweisbare Schwerpunktexzentrizität von

$$x = \frac{200 \cdot 2}{9000} = \text{rund } 0,04 \text{ mm},$$

sicher ein recht befriedigendes Ergebnis.

Leider muß gesagt werden, daß eine noch so genaue statische Auswuchtung, erfolge sie auch mittels der noch empfindlicheren Schwer-
punktwagen, praktisch nur in wenigen Fällen genügt, nämlich dann,
wenn verhältnismäßig schmale, scheibenförmige Körper vorliegen,
deren Betriebsumlaufgeschwindigkeit 60 m/sek nicht übersteigt. Nicht
sehr breite Flügelräder der Schleuderräder für 200 bis 350 mm WS Pressung (je nach Höhe des manometrischen Wirkungsgrades) eignen sich
sonach. Bei walzenförmigen Körpern und gewissen Flügelrädern, also
solchen mit größerer Ausdehnung in Richtung der Achse, wird sich nach
statischer Balancierung immer noch eine erhebliche Unruhe im Lauf
zeigen.

Daß bei einem walzenartigen Drehkörper ungeachtet sorgfältiger statischer Balancierung sehr wohl beträchtliche dynamische
Unbalanzen verbleiben können, die sich im Betriebe natürlich auswirken, zeige folgendes Beispiel.

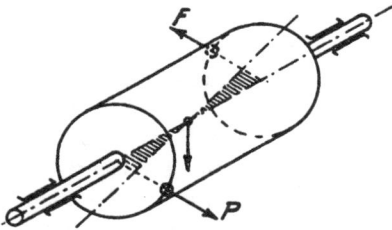 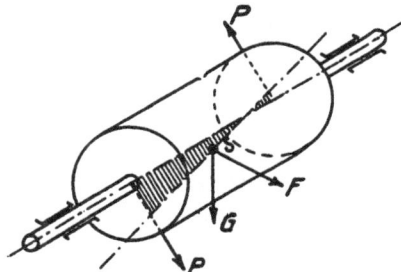

Abb. 43.   Abb. 44.

Es ist leicht zu erkennen, daß das statische Gleichgewicht in keiner
Weise gestört wird, wenn man in jede der Stirnseiten ein Gewicht von
z. B. 1 kg unterbringt unter der Voraussetzung, daß die Gewichte genau
am gleichen Radius wirken und genau um 180° gegeneinander versetzt
sind. Die statischen Momente der beiden Gewichte heben sich auf.
Wird nun aber der Körper in rasche Umdrehung versetzt, so werden sich
an den Zusatzgewichten erhebliche Fliehkräfte ausbilden, die zu be-
deutenden Erschütterungen führen. Ihr Zustandekommen belehrt uns,
daß die statische Balancierung keineswegs einen genügend ruhigen Gang
herbeizuführen vermag.

Die nach der statischen Auswuchtung verbleibende Fehlermöglich-
keit ist, weil sie erst am rotierenden Körper wahrgenommen werden
kann, von der Praxis mit dem Namen »dynamische Unbalanz« belegt
worden. Beide Arten von Unbalanz werden an jedem Prüfkörper beim
Verlassen der Werkstatt vorhanden sein. Beseitigt man die statische
Unbalanz, so bleibt immer noch die dynamische zurück, so daß man
nicht um die Maßnahme herumkommt, den Körper während der Rotation auszuwuchten. Ist man hierzu aber genötigt, so hat die statische

Vorbalancierung wenig Zweck; man wird, sofern sich die Möglichkeit hierzu bietet, die Beseitigung aller Unbalanzen in einem Arbeitsgang, während der Rotation des Körpers durchführen.

Wer das wirklich hochinteressante Thema der Unbalanzen eingehender studieren will, dem können die Sonderdrucke

»Die umlaufenden Massen als Schwingungserreger«, von Dr.-Ing. Ernst Lehr,

»Die Auswuchtung rotierender Massen«, von Dr.-Ing. H. Heymann,

sowie andere Schriften dieser Herren angelegentlich empfohlen werden. Diese Schriften sind durch gütige Vermittelung der Firma Carl Schenck, G. m. b. H., in Darmstadt, zu erlangen.

Die werkstattmäßige Auswuchtung von Flügelrädern mittels Auswuchtmaschinen.

Der zur Verfügung stehende Raum erlaubt es nicht, in eine ausführliche Beschreibung der Auswuchtmaschinen einzutreten; solche bieten die Werbedrucksachen der in Frage kommenden Spezialfirmen.

Will oder darf man sich einer lediglich statischen Auswuchtung bedienen und beansprucht man größere Genauigkeit, als solche der bereits beschriebene Auswuchtbock mit Schienen oder Wellen zu bieten vermag, dann ist die Beschaffung einer Kruppschen Schwerpunktwage, Bauart A, anzuraten. Diese, gemäß nachstehendem Schaubild wird in

Abb. 45.

8 Größen ausgeführt und eignet sich besonders für Ausbalancierung scheibenförmiger Drehkörper, wie sie u. a. auch die Flügelräder, vornehmlich solche für Hochdruckventilatoren darstellen. Die Tragfähigkeit der Wagen liegt zwischen 8 und 3000 kg, reicht sonach für die schwersten Räder. Das Auswuchten geht leicht und schnell vor sich; die Genauigkeit überragt die Resultate eines Wuchtbockes um 100 vH.

Bei Flügelrädern von größerer axialer Ausdehnung, wie solche mitunter bei Nieder- und Mitteldruckventilatoren und stets bei Trommelgebläsen vorkommen, aber auch bei schmalen Rädern mit hoher Umlaufgeschwindigkeit und dann, wenn das Gehäuse gegen Erschütterungen empfindlich ist, genügt die statische Ausbalancierung in keiner Weise.

Unter den dynamischen Auswuchtmaschinen zeichnet sich diejenige nach den Patenten von Lawaczeck und Heymann durch besonders einfache Handhabung und hohe Genauigkeit aus und insbesondere auch dadurch, daß mit nur zwei Gewichten sämtliche Unbalanzen restlos behoben werden können.

Der Aufbau der Maschine ist aus der Abbildung ersichtlich. Die beiden, die Prüfkörperwelle aufnehmenden Lager sitzen schwingbar auf stehenden Blattfedern, die am Fuße fest in die schweren Lagerböcke eingebaut und auswechselbar sind.

Abb. 46.

Jeder Lagerbock ist mit einer Arretiervorrichtung ausgerüstet, die es gestattet, das Lager beliebig festzustellen, also am Schwingen zu verhindern. Die Lagerung ist als Kugelgelenk ausgebildet und vermag sonach allen Schwingungen der Prüfkörper zu folgen, sobald während des Umlaufens die Arretierung aufgehoben wird.

Um stets eindeutige Messungen zu erzielen, wird beim Arbeiten jeweils nur ein Lager freigegeben; das andere bleibt festgestellt und vermag so als Drehpunkt für die Schwingungen zu dienen. Die Maschine ermöglicht es sonach, das Flügelrad in zwei verschiedenen Pendellagen schwingen zu lassen, derart, daß erst das eine und hernach das andere Lager zu Schwingungen freigegeben wird.

Dieses »Doppelpendel-Prinzip« genannte Verfahren hat folgenden Sinn:

Die Aufgabe des Auswuchtens besteht darin, die durch die freien Fliehkräfte hervorgerufenen Zusatzreaktionen in den zwei Lagern durch entsprechende Gegenkräfte zu beseitigen. Zu einem planmäßigen Vorgehen wird man nur dann gelangen, wenn man jede dieser Zusatzkräfte für sich erfaßt. In beiden Pendellagen kommt nur jeweils die in dem für die Schwingung freigegebenen Lager arbeitende Zusatzkraft zur Wirkung, während die in dem festgestellten Lager wirkende Kraft ausgeschaltet ist und auf die Schwingung des Prüfkörpers keinen Einfluß gewinnen kann. Würde man beide Lager gleichzeitig öffnen, bzw. freigeben, so würden sich die Einflüsse beider Kräfte überlagern. Derartige Koppelschwingungen lassen keine eindeutige Bestimmung zu.

Der Auswuchtvorgang zerfällt, entsprechend den beiden Pendellagen, in zwei unter sich gleiche Arbeitsprozesse. Im ersten wird die im vorderen Lager wirkende Zusatzkraft zur Wirkung gebracht und ein — an der vorderen Stirnfläche des Prüfkörpers anzubringendes — Ausgleichgewicht nach Lage und Größe so bestimmt, daß die Schwingungen des Lagers verschwinden, als Anzeichen dafür, daß die Zusatzkraft ausgeglichen ist.

Im zweiten Arbeitsgang werden die Rollen der beiden Lager vertauscht.

Zu Beginn des Meßlaufes wird der Prüfkörper, bei beiderseits festgestellten Lagern, mittels eines Elektromotors auf eine Drehzahl von etwa 1000 pro Minute angeworfen. Nach Erreichung derselben wird eine Elektromagnetkupplung ausgerückt, so daß nun der Prüfkörper sich selbst überlassen bleibt.

Nunmehr wird eines der beiden Lager für die Schwingung freigegeben, während das zweite festgestellt bleibt. Das freie Lager gerät nun unter der Wirkung der in ihm arbeitenden Zusatzreaktion in erzwungene Schwingungen, deren Größe mit Hilfe eines besonderen Registriergerätes in vergrößertem Maßstab auf einer Schreibtafel aufgezeichnet wird. Die Ausschläge des Schreibzeuges sind anfangs klein, vergrößern sich aber eigenartigerweise, bis bei etwa 500 minutlichen Umdrehungen des Prüfkörpers der größte Ausschlag erfolgt, um dann wieder zu sinken.

Die Ursache dieser Erscheinung ist die sog. Resonanz, die sich dadurch kennzeichnet, daß die Taktzahl der Erregerkraft, also in diesem Falle die Drehzahl des Flügelrades in Übereinstimmung mit der Eigenschwingungszahl des in der Maschine gebildeten Schwingungssystems gekommen ist.

Beim Auswuchten von Flügelrädern hat sich ergeben, daß diese infolge des hohen Ventilationswiderstandes rasch zum Stehen gelangen und die Resonanz so schnell durchlaufen, daß es mitunter kaum gelingt, Messungen durchzuführen. Um diesem Übelstande zu begegnen, ist es erforderlich, die Anlaufdrehzahl höher als sonst gebräuchlich zu legen. Wo dies nicht möglich, hilft das Aufbringen eines recht sorgfältig ausgewuchteten Schwungrades auf die Welle, da solches dann als Energiespeicher wirkt. Es ist auch gut, die Saugöffnungen des Flügelrades mit Blechscheiben zu verschließen.

Die große praktische Bedeutung des Resonanzzustandes beruht darin, daß hier äußerst geringe Erregerkräfte genügen, um Schwingungen bedeutender Größe hervorzurufen. Dabei ist die Empfindlichkeit so hoch, daß sich z. B. für einen Prüfkörper von 500 kg mühelos eine Unbalanz von 1 g, bezogen auf einen Radius von ca. 100 mm nachweisen läßt.

Nach diesen Erklärungen bleibt noch übrig, die Mittel zu beschreiben, mit Hilfe derer der Auswuchter das Ausgleichgewicht nach Lage und Größe bestimmt. Dies geschieht auf automatischem Wege mittels des Markier-Indikators, über dessen Wirkungsweise kurz folgendes zu sagen ist.

Die Schreibnadel des Indikators ist an ein Gelenkviereck angeschlossen und schreibt auf ein zugängliches Stück der Wellenoberfläche

in der Nähe des schwingenden Lagers. Um die Welle zur Aufnahme der Aufzeichnungen geeignet zu machen, wird sie an der betreffenden Stelle mit einem Schlemmkreideanstrich versehen. Alsdann wird der Indikator auf dem allseitig beweglichen Stativ so gegen die Welle herangestellt, daß das Parallelogramm fast ganz zusammengeklappt ist, wenn der Schreibstift im Ruhezustand des Prüfkörpers die Welle berührt. Die Indizierung wird bei je einem Links- und Rechtslauf vorgenommen. Man wirft bei beiderseits blockierten Lagern den Prüfkörper auf eine oberhalb der Resonanz gelegene Drehzahl an, kuppelt aus, gibt das Lager, in dessen Nähe indiziert werden soll, für die Schwingung frei, während das zweite Lager festgestellt bleibt und als Drehpunkt für die Pendelungen dient. Sobald die beim Öffnen entstehenden Stoßschwingungen abgeklungen sind, was man an dem gleichmäßigen Fibrieren des Lagers merkt, wird der anfangs zurückgeklappte Schreibstift mit leichtem Druck gegen die Welle herangestellt und dann sich selbst überlassen. Die Welle stößt beim Ausschwingen den Schreibstift zurück, der eine Strichmarke hinterläßt. Die Marke reißt in dem Augenblick ab, in welchem der Ausschlag seinen Höchstwert durchschritten hat, da sich dann die Welle vom Schreibstift loslöst. Der Schreibstift verharrt, durch Reibung gehalten, in seiner Lage, bis ein größerer Ausschlag ihn weiter zurückstößt. Hierbei entsteht dann eine neue Strichmarke. Durch die Führung mittels Gelenkvierecks wird der Schreibstift gezwungen, mit der Rückwärtsbewegung automatisch eine Seitenverschiebung zu verbinden. Die Folge ist, daß die einzelnen Strichmarken in Achsenrichtung nebeneinander zu liegen kommen. Das Spiel setzt sich in der beschriebenen Weise fort, bis der größte überhaupt auftretende

Ausschlag, der Resonanzausschlag, vorüber ist. Danach hören die Aufzeichnungen auf, da die Welle nicht mehr in Berührung mit dem im Raum stillstehenden Schreibstift kommt. Die Gesamtheit der Aufzeichnungen liefert gemäß Abbildung auf der Wellenoberfläche

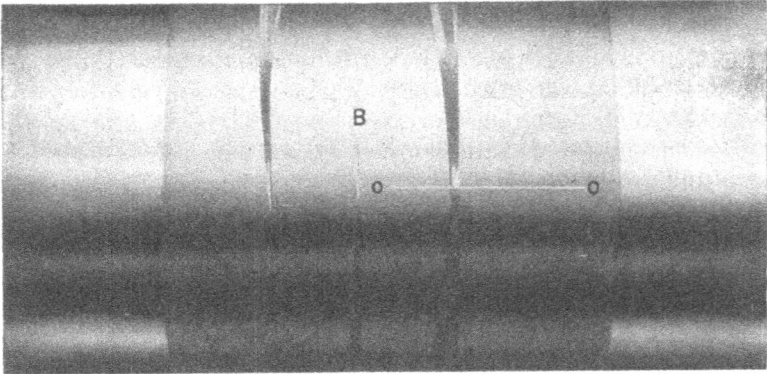

Abb. 48.

eine keilförmige Figur. Hierauf wiederholt man den soeben beschriebenen Vorgang mit entgegengesetztem Drehsinn und erhält in der gleichen Weise eine keilförmige Figur, welche zu der ersten symmetrisch liegt.

Abb. 49.

Normalerweise läßt man den Indikator für Links- und Rechtslauf an der gleichen Stelle schreiben, so daß sich die beiden Figuren gemäß Bild, Stelle C überlagern. Das Gesamtdiagramm hat die Gestalt eines Winkels; seine Symmetrielinie, die durch den Scheitel des Winkels genau festgelegt ist, kennzeichnet scharf die Stelle der Tarnernut, an der das Gewicht angebracht werden muß.

Der Auswuchter setzt an der gekennzeichneten Stelle ein Gewicht von zunächst nach Gutdünken geschätzter Größe an und beobachtet den hierdurch erzielten Rückgang des Schwingungsausschlages. Hierauf verbessert er in weiteren Meßläufen systematisch die Größe des Gewichtes solange, bis der Schwingungsmesser keinen Ausschlag mehr zeigt. Er kann hierbei mit großer Näherung Proportionalität zwischen Gewicht und Schwingungsausschlag annehmen. Ein geübter Auswuchter hat nach höchstens vier Meßläufen das Ziel erreicht.

Neben dieser einfachen Methode ist auch ein graphisches Verfahren ausgearbeitet, das sogar einem Arbeiter anvertraut werden kann, von dessen Beschreibung aber hier Abstand genommen werden soll (Abb. 49).

Die mit solchen Auswuchtmaschinen gezeitigten Ausbalancierungen dürfen als praktisch restlos angesprochen werden. Anderseits ist nicht in Abrede zu stellen, daß die Maschinen sehr teuer sind und das Verfahren immerhin noch ein ziemlich zeitraubendes ist. Die Gesamtkosten, die durch das Auswuchten eines Flügelrades entstehen, sind mithin erheblich und lassen die Behandlung kleiner und mittlerer Räder marktgängiger Ventilatoren fast ausscheiden, sofern es sich nicht um Reihenfabrikate handelt, für welche eine vereinfachende Eichung der Wuchtmaschine möglich ist. Große Flügelräder sollten aber unbedingt nach dem Verfahren von Lawaczeck-Heymann ausgewuchtet werden.

Berechnung eines Exhaustors für eine große Dampfkessel-Saugzug-Anlage.

Von einer vergleichenden Beschreibung der verschiedenen Systeme künstlichen Zuges soll hier abgesehen werden; man findet in der einschlägigen Literatur genügend mehr oder minder brauchbare Aufschlüsse. Hingegen soll nicht unterlassen werden, darauf hinzuweisen daß sich der unmittelbare Saugzug vor allen durchgesetzt hat, weil seine Vorzüge diejenigen der übrigen Systeme wesentlich überragen.

Fördernd für die Verbreitung künstlichen Zuges wirkten die in der Nachkriegszeit mehr und mehr anschwellenden Schwierigkeiten, ja teilweisen Unmöglichkeiten, Kohlen zu beschaffen, für deren Verfeuerung die vorhandenen Roste ursprünglich eingebaut wurden. Die Minderwertigkeit der zu erlangenden Kohlen, insbesondere der Rohbraunkohlen, auf die man mitunter allein angewiesen war und ist, bedingt Zugverhältnisse, denen vielfach auch sehr hohe und günstig gelegene Schornsteine nicht zu entsprechen vermögen, so daß man sich oftmals sogar bei Neubauten direkt gezwungen sah, von Errichtung teurer Kamine abzusehen, weil solche aller Voraussicht nach den Feuerungsbetrieb doch nicht einwandfrei durchzuführen imstande wären. Sorgfältige Messungen haben dargetan, daß große, neuzeitliche Steilrohrkesselanlagen mitunter bei Verfeuerung von Rohbraunkohlen Zugstärken von 60 mm WS und darüber erfordern, die mittels eines Schornsteines eben nicht aufzubringen sind. Weiter tritt der Umstand hinzu, daß Kesselanlagen längere Zeit hindurch sog. »Spitzenleistungen« zu bieten haben. Hierbei sind nicht allein weitaus größere Rauchgasmengen zu fördern, sondern auch erhöhte Widerstände zu bewältigen.

Beim künstlichen Zug hat man es stets in der Hand — sofern auf eine möglichst weitgehende Regelung der Umlaufzahlen des Schleudergebläses Rücksicht genommen — die Förderung der Verbrennungsluft- oder Rauchgasmengen, sowie die Zugstärke genau den jeweiligen Erfordernissen anzupassen.

Unter Hinweis auf den Abschnitt: »Antriebsarten der Schleudergebläse« sei nochmals hervorgehoben, daß sich direkte Kuppelung des Gebläses mit einem Elektromotor, der Tourenregulierung gestattet, am meisten empfiehlt; von der Widerstandsvorschaltung sollte tunlichst Abstand genommen werden, weil mit dieser stets Kraftvernichtung verbunden ist. Bei großen Exhaustoren für Rauchgaseabsaugung bzw. Saugzug, handelt es sich meist um Betriebstouren, welche für Elektromotore zu niedrig liegen und ist man dann auf direkten oder indirekten Riemenantrieb angewiesen. Es gilt dann, die für die hauptsächlich in Frage kommenden Belastungsfälle der Kesselanlage die Umlaufzahlen des Exhaustors festzulegen und dafür ein geeignetes Vorgelege zu montieren. Auswechselbare Riemscheiben bieten gleichfalls einen gangbaren Ausweg.

Der Erfahrungssatz, daß jedes Schleudergebläse nur einen Betriebsfall hat, in welchem es am wirtschaftlichsten arbeitet, findet leider bislang bei Saugzuganlagen nur selten Beachtung; nur in wenigen Fällen wurde und wird der Exhaustor eigens für die Anlage berechnet, konstruiert und gebaut; man begnügt sich überwiegend mit Heranholung einer marktgängigen Type, von welcher aus den Katalogangaben auf die vermeintliche Brauchbarkeit geschlossen wird. Es kann gar nicht entschieden genug betont werden, daß der Exhaustor einen integrierenden, sogar den Hauptteil einer Saugzuganlage bildet und deshalb nicht nur in diese »hineingeschoben« werden darf. Wird hiervon abgewichen, dann können Mißerfolge nicht ausbleiben, und nur auf den Einbau unabgestimmter Schleudergebläse ist es zurückzuführen, daß die an sich zweifellos guten Saugzuganlagen mannigfachem Mißtrauen begegnen. Alle, die sich eine Saugzuganlage beschaffen, sollten sich mit wirklichen Fachleuten ins Einvernehmen setzen und dem Lieferanten des Exhaustors angemessene Gewährleistungen auferlegen. Es ist erwiesen, daß verpfuschte Saugzuganlagen schwer, oft nur teilweise in brauchbaren Zustand zu bringen sind; bis dies vielleicht geschieht, hat man sich mit einer mangelhaft und damit unwirtschaftlich arbeitenden Kesselanlage abzuquälen, was nur zu oft mit empfindlichen Störungen des Gesamtbetriebes verknüpft ist.

In folgendem werde die Berechnung einer großen Saugzuganlage, bzw. des für eine solche bestimmten Exhaustors geboten. Vorhergehend müssen kurz einige Aufschlüsse hinsichtlich der

Bestimmung des erforderlichen Luftüberschusses

gegeben werden, da letzterer schon im Hinblick auf die Verbrennungstemperatur und den gewünschten oder erforderlichen Kohlensäuregehalt der Rauchgase von einschneidender Wirkung ist.

Zur vollkommenen Verbrennung irgendwelchen Brennstoffes ist eine gewisse Menge Sauerstoff (Luft) erforderlich. Mit dieser theoretischen Luftmenge ist jedoch praktisch nicht auszukommen; überschläglich oder »landläufig« nimmt man doppelten Luftüberschuß an, was indes nicht zulässig ist, wenn man den Gesetzen einer vernünftigen Wärmewirtschaft gerecht werden will. In den meisten Fällen wird man mit weniger, denn der doppelten theoretischen Luftmenge auskommen und damit den Kohlensäure(CO_2)-Gehalt und die Verbrennungstemperatur steigern. Letztere darf aber auch nicht zu hoch getrieben werden; es ist Rücksicht auf die Ausmauerung der Feuerung zu nehmen, da diese bei zu hohen Verbrennungstemperaturen vorzeitig zerstört wird.

Das Mehrfache des erforderlichen theoretischen Luftbedarfes ergibt sich, wenn

$$V = \text{Luftüberschuß,}$$
$$O = \text{Sauerstoffgehalt,}$$
$$CO_2 = \text{Kohlensäuregehalt}$$

zu

$$O + CO_2 = \text{immer zu } \underline{\mathbf{19,5}}!$$

und

$$O = 19,5 - CO_2 \text{ und } V = \frac{21}{1,5 + CO_2}.$$

Z. B. CO_2 sei 12 vH, dann macht sich ein Luftüberschuß erforderlich von

$$V = \frac{21}{1,5 + 12} = 1,556 \text{ fach.}$$

Für die Bestimmung des theoretischen Luftbedarfes mangelt es nicht an Formeln, welche den wissenschaftlichen Anforderungen restlos gerecht werden. Sie sind für den praktischen Gebrauch aber etwas weitschweifig und da zudem die Brennstoffanalysen bekanntlich auch nur theoretischen Wert insofern besitzen, als sie sich mit den zur Ablieferung gelangenden Kohlen u. dgl. keineswegs decken, so haben sich sog. »Faustformeln« eingebürgert, welche überaus einfach sind und zudem den Vorzug in sich schließen, daß ihre Resultate für die Praxis hinlängliche Genauigkeit aufweisen. Sonach ist es nicht verwunderlich, daß sich diese empirischen Formeln einbürgerten, und zwar dergestalt, daß nur noch Bestimmungen, die einer exakt wissenschaftlichen Basis nicht entraten dürfen, anderweitig erfolgen.

Zur Bestimmung des theoretischen Luftbedarfes stellte Lany die Gleichung auf:

$$L_{kg} = \frac{WE}{100} \cdot 0{,}134$$

worin L_{kg} = Luftmenge in kg und WE = Wärmeeinheiten pro kg Brennstoff bedeuten.

Brauß hingegen behauptet:

$$L_{kg} = \frac{WE}{100} = 0{,}143$$

alle Ergebnisse auf 0 ° C bei 760 mm Barometerstand reduziert.

Die Erfahrung lehrte, daß die Braußsche Gleichung etwas zutreffender ist; es erscheint mithin empfehlenswert, das Mittel zu wählen, also:

$$L_{kg} = \frac{WE}{100} \cdot 0{,}1385.$$

Zur Berechnung des Exhaustors einer Saugzuganlage übergehend, seien zunächst die für dieselbe nötigen

Bezugszeichen

geboten. Es bedeuten:

ae = gleichwertige Öffnung in qm,
D_a = Durchmesser der Ausblaseöffnung in m,
D_{el} = gleichwertiger Durchmesser in m gegenüber rechteckigen Querschnitten,
D_0 = Durchmesser der Saugöffnung in m,
D_1 = Innerer (lichter) Durchmesser des Flügelrades in m,
D_2 = äußerer Flügelraddurchmesser in m,
B = Gehäusebreite in m,
Q = minutliche Gasmenge in cbm,
V = sekundliche Gasmenge in cbm,
PS = Pferdestärken,
F = Fläche in qm,
U = Umfang in m,
h = Gesamt-Über- oder Unterdruck in mm WS,
h_g = Geschwindigkeitshöhe (dynamische Pressung) in mm WS,
h_{st} = statischer Über- oder Unterdruck in mm WS,
b_1 = axiale Breite des Flügelrades am inneren Umfang in m,

b_2 = axiale Breite am äußeren Umfang,
z = Anzahl der Flügelschaufeln,
a_1 = innerer Schaufelwinkel,
c_1 = Eintrittsgeschwindigkeit der Gase in m/sek,
w_1 = relative Gasgeschwindigkeit am inneren Radumfang in m/sek,
u_1 = Umfangsgeschwindigkeit am Radinnern in m/sek,
a_2 = äußerer Schaufelwinkel,
c_2 = absolute Austrittsgeschwindigkeit der Gase in m/sek,
w_2 = relative Austrittsgeschwindigkeit in m/sek,
u_2 = Umfangsgeschwindigkeit außen am Flügelrad in m/sek,
n = minutliche Umdrehungszahl des Flügelrades,
g = 9,81 Beschleunigung durch die Schwerkraft,
β = Supplementswinkel,
γ = spezifisches Gewicht des Gases in kg/cbm,
η = manometrischer Wirkungsgrad,
ε = mechanischer Wirkungsgrad,
t = Temperatur in Grad C.

Es handle sich um eine Saugzuganlage, ausreichend für 6 Zweiflamm-Wellrohrkessel von je 130 qm Heizfläche, 3,7 qm Rostfläche und einem Ekonomiser von 70 qm, hinter welchem die abziehenden Rauchgase bei Normalbetrieb 150°, bei Spitzenbetrieb 200° C aufweisen. Der CO_2-Gehalt der Rauchgase stelle sich bei Normalbetrieb auf 11,5 vH und auf 13,0 vH bei Spitzenbetrieb.

Die Zugwiderstände, hinter den Ekonomisern gemessen, beziffern sich insgesamt auf:

25 mm WS bei Normalbetrieb,
30 mm WS bei Spitzenbetrieb.

Zur Verfeuerung gelange Braunkohle mit 3600 WE und folgender Zusammensetzung:

$$\frac{\text{C} \quad \text{H} \quad O \quad S \quad H_2O \quad \text{Asche}}{40 \quad 3 \quad 11 \quad 2 \quad 37 \quad 7} = 100 \text{ Teile,}$$

und zwar stündlich normal = 280 kg und maximal = 455 kg pro 1 qm Rostfläche.

Der erforderliche Luftüberschuß bestimmt sich gemäß vorstehenden Ausführungen

für CO_2 = 11,5 vH zu $21 \cdot (1,5 + 11,5)$ = 1,63 fach,
für CO_2 = 13,0 vH zu $21 \cdot (1,5 + 13,0)$ = 1,45 fach.

Der theoretische Luftbedarf für Kohlen von 3600 WE errechnet sich nach den vereinigten Gleichungen von Lany/Brauß im Mittel zu:

$$\frac{3600}{100} \cdot 0,1385 = 4,99$$

oder rd. **5,00 kg** pro 1 kg Kohle. Sonach ergibt sich der **tatsächliche Luftbedarf** zu

$5 \cdot 1,63 = 8,15$ kg für Normalbetrieb und
$5 \cdot 1,45 = 7,25$ kg für Spitzenbetrieb.

Zur Verfeuerung gelangen stündlich:

$6 \cdot 3,7 \cdot 280 = 6216$ kg Kohlen bei Normalbetrieb,
$6 \cdot 3,7 \cdot 455 = 10101$ kg Kohlen bei Spitzenbetrieb,

und daraus ergeben sich:

Rauchgasmengen auf 0° C bei 760 mm QS reduziert

$(1 + 8,15) \cdot 6216 = 56876,40$ kg $= 15,80$ kg/sek normal,
$(1 + 7,25) \cdot 10101 = 83333,25$ kg $= 23,15$ kg/sek maximal.

Wird das spezifische Gewicht der Rauchgase bei 0° C und 760 mm Barometerstand zu 1,28 kg/cbm angenommen, so bestimmt sich γ_1 bei beliebiger Temperatur nach der Gleichung:

$$\gamma_1 = \frac{\gamma}{1 + a \cdot t}$$

und gilt dann für

$150° \text{ C} = 1,28 : 1,550 = 0,826$ kg/cbm,
$200° \text{ C} = 1,28 : 1,733 = 0,738$ kg/cbm,

und somit sekundlich um

19,13 cbm Rauchgase, 0,826 kg/cbm für Normalbetrieb,
31,37 cbm Rauchgase, 0,738 kg/cbm für Spitzenbetrieb.

Der für die Anlage erforderliche **Exhaustor** soll **einseitig saugend** sein und werde zunächst für die Spitzenleistung berechnet.

Die hierfür zu berücksichtigenden 30 mm WS Zugwiderstände sind als **statischer Unterdruck** aufzufassen; die unvermeidliche Geschwindigkeitshöhe h_g werde schätzungsweise zu 10 mm WS angenommen, um später ev. berichtigt zu werden. Der für Spitzenbetrieb zu erzeugende **Gesamt-Unterdruck** ist mithin 40 mm WS und demgemäß in Rechnung zu stellen.

Gegeben sind also:

$V = 31,37$ cbm, $\gamma = 0,783$ kg/cbm, $h = 40$ mm WS,

dann bestimmt sich in erster Linie die zugehörige gleichwertige Öffnung nach:

$$ae = 0,347 \cdot \frac{V}{\sqrt{h}} \cdot \sqrt{\gamma} = \frac{0,347 \cdot 31,37 \cdot 0,859}{6,325} = 1,478 \text{ qm.}$$

Die theoretische Eintrittsgeschwindigkeit der Rauchgase bei einem $\gamma = 0,738$ kg/cbm und 40 mm WS Gesamtunterdruck beträgt:

$$c_1 = \frac{2,88 \cdot \sqrt{h}}{\sqrt{\gamma}} = \frac{2,88 \cdot 6,325}{0,859} = 21,2 \text{ m/sek.}$$

Diese Eintrittsgeschwindigkeit ergäbe eine Geschwindigkeitshöhe von

$$h_g = \frac{c_1^2 \cdot \gamma}{2 \cdot g} = \frac{450 \cdot 0{,}738}{19{,}62} = \text{rund } 17 \text{ mm WS}$$

also einen Gesamtunterdruck von $30 + 17 = 47$ mm WS, gegenüber der angenommenen 40 mm WS ein Mehr von 7 mm WS, was, da minutlich $31{,}37 \cdot 60$ cbm zu fördern sind, eine Differenz des Kraftbedarfes von

$$\text{PS} = \frac{1882{,}2 \cdot 7}{4500 \cdot 0{,}55} = \text{rund } 5{,}3$$

ausmacht und für die Dauer, sofern nicht ganz außerordentlich billige Kraft zur Verfügung steht, viel zu teuer zu stehen kommt.

Da es zulässig ist, mit der Eintrittsgeschwindigkeit unterhalb der theoretischen zu bleiben, sofern dadurch der innere Eintrittswinkel a_1, der zwischen 110 und 150° liegen soll, weder unter- noch überschritten wird, soll ermittelt werden, welche Eintrittsgeschwindigkeit erforderlich ist, um eine Geschwindigkeitshöhe $h_g = 10$ mm WS zu erreichen

$$c_1 = \sqrt{\frac{h_g \cdot 2 \cdot g}{\gamma}} = \sqrt{\frac{40 \cdot 19{,}62}{0{,}738}} = 16{,}3 \text{ m/sek.}$$

Diese angenommen, bedingt allerdings einen im allgemeinen größeren Exhaustor, gewährleistet aber einen dauernd billigeren Betrieb.

Für die Einströmöffnung ermittelt sich nunmehr

$$D_0 = \frac{V}{c_1} = \frac{31{,}37}{16{,}3} = 1{,}92 \text{ qm} = 1{,}56 \text{ m Durchmesser}$$

und da D_a und D_1 gleich D_0 sind, gilt dieser Durchmesser auch für sie.

Die Herstellung eines derart großen Blechexhaustors untersagt es aus werktechnischen Gründen, die Ausblaseöffnung rund auszugestalten; sie fällt vielmehr rechteckig oder quadratisch aus. Daß sich dieser Querschnitt nicht mit einem gleich großen runden deckt, insoweit Gasförderung in Frage kommt, wurde bereits in einem anderen Abschnitt (S. 38) besprochen. Der vorgenannte Durchmesser von 1,56 m ist sonach in bezug auf die Ausblaseöffnung D_a nur als der gleichwertige zu betrachten.

Die Gehäusebreite B derartiger Schleudergebläse nimmt man zweckmäßig zu $D_2 : 2$ an. Es wäre mithin zunächst erforderlich, den äußeren Durchmesser D_2 des Flügelrades festzulegen.

Da es sich um einen Niederdruckexhaustor handelt, findet das Verhältnis

$$D_2 = D_1 \cdot 1{,}3 \text{ bis } 1{,}4$$

Anwendung und da der innere Flügeldurchmesser = 1,56 m ist, muß der äußere

$$D_2 = 1,56 \cdot 1,3 = 2,03 \text{ m} \quad \text{oder} \quad 1,56 \cdot 1,4 = 2,280 \text{ m}$$

betragen; gewählt werde rund

$$D_2 = 2,1 \text{ m Durchm.} = 6,597 \text{ m Umfang.}$$

Dies beachtet, würde sich eine Gehäusebreite von 1,05 m ergeben. Es ist jedoch zu berücksichtigen, daß sich bei dieser Breite das Ausblaserechteck in bezug auf seine Höhe ungewöhnlich stellt und deshalb soll in diesem Falle die Gehäusebreite etwas größer genommen werden, und zwar:

$$B = \frac{D_2}{1,75} = \frac{2,100}{1,75} = 1,2 \text{ m}$$

und nun läßt sich, da D_{gl} und B gegeben sind, auch die Höhe der Ausblasöffnung bestimmen

$$\text{Seite } a = \frac{b \cdot D_{gl}}{2 \cdot b - D_{gl}} = \frac{1,2 \cdot 1,56}{2 \cdot 1,2 - 1,56} = 2,2285 \text{ m}$$

rund 2,23 m.

Das Ausblaserechteck zeigt also bei einer Breite von 1,2 m eine Höhe von 2,23 m.

Nachdem die Abmessungen des Ausblases festgelegt sind, schreite man zur Bestimmung des Zungenabstandes, welcher für derartige Niederdruckgebläse erfahrungsgemäß 0,08 des äußeren Flügeldurchmessers, hier mithin:

$$D_2 \cdot 0,08 = 2,1 \cdot 0,08 = 0,168 \text{ m}$$

beträgt.

Im Hinblick auf die an sich schon großen Abmessunsen dieses Exhaustors, muß alles vermieden werden, was das Gehäuse größer gestalten könnte, als dies unbedingt erforderlich ist. Unter Hinweis auf die im Sonderabschnitt (S. 72) gebotenen Ausführungen muß auch hier Gebrauch von der für Niederdruckgebläse zulässigen Anordnung gemacht werden, wonach die Zunge unterhalb der Flügelradperipherie zu liegen kommt, und zwar so tief, daß die Gehäusespirale das Flügelrad nur zu 80 vH seines Umfanges umschließt. Der Gehäusequerschnitt über dem höchsten Punkt des eingebauten Flügelrades muß sonach mindestens so groß sein, daß 80 vH der Gasmenge mit der Geschwindigkeit c_1 zu passieren vermag. Als gleichwertiger Durchmesser ist hier zu betrachten:

$$D_0 = 1,92 \text{ qm}, \quad D_{gl} = 1,92 \cdot 0,8 = 1,536 \text{ qm} = 1,4 \text{ m Durchm.}$$

und da die Gehäusebreite mit 1,2 m bestehen bleibt, handelt es sich um eine Durchlaßhöhe von

$$H = \frac{1,2 \cdot 1,4}{2 \cdot 1,2 - 1,4} = 1,68 \text{ m,}$$

d. h. die höchste Stelle der Radperipherie befindet sich um 0,55 m über der Zunge.

Als günstigste Gleichung für die Bestimmung des Konstruktionsquadrates bleibt nun

$$\text{Quadratseite} = \frac{H}{4} = \frac{1,68}{4} = 0,42 \text{ m.}$$

Die Anzahl der Flügelradschaufeln ergibt — gleichfalls unter Hinweis auf einen Sonderabschnitt (S. 61)

$$z = \frac{D_1 \cdot 3,14}{0,175} = \frac{1,56 \cdot 3,14}{0,175} = 28 \text{ Stück.}$$

Der Schaufelabstand am äußeren Radumfang — in Bogenlinie gemessen — beträgt:

$$6,597 : 28 = \text{rd. } 0,236 \text{ m}$$

und demnach ist es nicht nötig, Hilfsschaufeln einzubauen.

Zunächst gilt es nun, für den Gesamtunterdruck von 40 mm WS für das Flügelrad die nötige Umfangsgeschwindigkeit u_2 zu ermitteln, und zwar für **radial auslaufende Schaufeln**.

Es möge gleich an dieser Stelle betont werden, daß für den hier berechneten Exhaustor Radialschaufelung die allein richtige ist und es wirklich keinen Zweck hätte, der Tourenverminderung halber nach vorwärts gekrümmte Schaufeln zu verwenden. Wenn dies im weiteren Verlaufe der Berechnung doch geschieht, so lediglich zu dem Zwecke, den Gang einer solchen Schaufelberechnung vorzuführen.

Als manometrischer Nutzungswert η gelten 55 vH, was in Hinblick auf den geringen Gesamtdruck mit guten Ausführungen richtig sein dürfte.

Für die Umfangsgeschwindigkeit des Flügelrades gilt die Gleichung:

$$u_2 = \sqrt{\frac{h \cdot g}{\gamma \cdot \eta}} = \sqrt{\frac{40 \cdot 9,81}{0,738 \cdot 0,55}} = 30,8 \text{ m/sek}$$

und nun bestimmt sich die minutliche Umdrehungszahl zu

$$n = \frac{30,8 \cdot 60}{6,597} = \text{rund } 280.$$

Die Umfangsgeschwindigkeit am inneren Raddurchmesser D_1 ist:

$$u_1 = \frac{u_2 \cdot D_1}{D_2} = \frac{30,8 \cdot 1,56}{2,1} = 22,88 \text{ m/sek}$$

und der Supplementswinkel β des inneren Schaufelwinkels a_1 beträgt:

$$\text{tg } \beta = c_1 : u_1 = 16,3 : 22,88 = 0,712 = \text{rund } 36^0,$$

so daß also der innere Schaufelwinkel $a_1 = 144^0$.

Die relative Eintrittsgeschwindigkeit errechnet sich entweder nach

$$w_1 = \frac{c_1}{\sin(180 - a_1)} \quad \text{oder} \quad \frac{c_1}{\sin \beta}$$

in beiden Fällen also

$$w_1 = \frac{16,3}{0,595} = 27,4 \text{ m/sek.}$$

Die relative Austrittsgeschwindigkeit soll gleich oder bis 1,5 mal der relativen Eintrittsgeschwindigkeit sein; sie werde genommen:

$$w_2 = w_1 \cdot 1,3 = 27,4 \cdot 1,3 = 35,6 \text{ m/sek.}$$

Dieser Wert wird zur Berechnung der äußeren Schaufelbreite benötigt, für welche zunächst die gleichwertige Fläche bzw. der gleichwertige Durchmesser eines Kanales zu suchen ist

$$D_{gl2} = \sqrt{\frac{4 \cdot V}{z \cdot \pi \cdot w_2}} = \sqrt{\frac{4 \cdot 31,37}{28 \cdot 3,14 \cdot 35,6}} = 200 \text{ mm } \varnothing.$$

Hier kommt, wie unter Abschnitt »Flügelräder« ausgeführt, nicht die Bogenlänge, sondern die Sehne des für den Kanal zugehörigen Kreisabschnittes zur Berücksichtigung.

Die Sehnen- und damit Kanalseitenlänge beträgt:

$$2,1 \cdot 0,111 = 233 \text{ mm}$$

und nun ergibt sich die andere Seitenlänge, bzw. die axiale Breite zu

$$b_2 = \frac{a \cdot D_{gl}}{2 \cdot a - D_{gl}} = \frac{233 \cdot 200}{466 - 200} = 175,2 \text{ mm.}$$

Der äußere Schaufelkanal wird sonach 233 mm lang und 175 mm breit.

Für die Bemessung der inneren Rad- und Schaufelbreite ist einerseits die Bogenlänge und anderseits die absolute Eintrittsgeschwindigkeit c_1 maßgebend.

Sonach beträgt die Länge des Kanales

$$4901 : 28 = 175 \text{ mm,}$$

der gleichwertige Durchmesser

$$D_{gl1} = \sqrt{\frac{4 \cdot 31,37}{28 \cdot 3,14 \cdot 16,3}} = 296 \text{ mm } \varnothing$$

und

$$b_1 = \frac{175 \cdot 296}{350 - 296} = 960 \text{ mm.}$$

Der Schaufelkanal am inneren Radumfang weist also bei einer Länge von 175 mm eine axiale Breite von 960 mm auf.

Die Berechnung des Exhaustors mit radialen Schaufeln ist hiermit vollzogen; alle Abmessungen von Wichtigkeit sind festgelegt.

Es sei hier nochmals darauf hingewiesen, daß für Schleudergebläse niedriger Pressung (Über- oder Unterdruck) und vollends bei Größen, wie der vorliegende Exhaustor, stets radiale Schaufeln zur Anwendung gelangen sollten. Wenn nun weiter eben dieser Exhaustor nochmals durchgerechnet wird, und zwar für nach vorwärts gekrümmte Schaufeln, so geschieht das nur, um einen solchen Rechnungsgang zu zeigen, was insofern als nötig erscheint, weil Schleudergebläse mit nach vorwärts gerichteten Schaufeln vielfach anzutreffen und für hohe Pressungen auch unerläßlich sind. Diese Schaufelform bedingt für Erzielung irgendeiner Pressung geringere Umlaufzahlen, als gleichgroße Flügelräder mit Radialschaufeln und vollends solche mit nach rückwärts gekrümmten. Das ist unter Umständen von einschneidender Bedeutung, weil bei sehr hohen Umfangsgeschwindigkeiten die Beanspruchung der Baustoffe durch die starken Fliehkräfte, namentlich bei Unbalanzen, über zulässige Grenzen gehen und das Rad zu Bruch gehen kann.

Die Relativeintrittsgeschwindigkeit der Rauchgase wurde zu 27,4 m/sek ermittelt; sie soll bei der jetzt folgenden Rechnung versuchsweise als w_2 eingesetzt werden, weil sich dies Verfahren als in den meisten Fällen angebracht erwiesen hat. Eine höhere Relativgeschwindigkeit birgt die Gefahr in sich, daß der Abstand gegenüber w_1, der bekanntlich das 1,5fache nicht überschreiten soll, zu groß wird.

Die Umfangsgeschwindigkeit für nach vorwärts gekrümmte Schaufeln bestimmt sich aus der Gleichung:

$$u_2 = \sqrt{\left(\frac{w_2 \cdot \cos \alpha_2}{2}\right)^2 + \frac{h \cdot g}{\gamma \cdot \eta}} - \frac{w_2 \cdot \cos \alpha_2}{2}$$

und da hier der gebräuchlichste Winkel von 45° Anwendung finden soll, für welchen

$$(\cos \alpha_2) : 2 = 0{,}3536 \text{ ist,}$$

ermittelt sich, die Werte eingesetzt:

$$u_2 = \sqrt{(27{,}4 \cdot 0{,}3536)^2 + \frac{40 \cdot 9{,}81}{0{,}738 \cdot 0{,}55}} - 27{,}4 \cdot 0{,}3536 = 22{,}9 \text{ m/sek}$$

und

$$u_1 = \frac{22{,}9 \cdot 1{,}56}{2{,}1} = 17{,}0 \text{ m/sek}$$

und nunmehr

$$\operatorname{tg} \beta = \frac{16{,}3}{17} = 0{,}96 = \text{rund } 44''.$$

Der innere Schaufelwinkel stellt sich sonach auf $a_1 = 180 - 44 = 136°$. Die Relativgeschwindigkeit

$$w_1 = \frac{16{,}3}{0{,}695} = 23{,}5$$

und sonach ergibt sich für $w_2 = w_1 \cdot 1{,}168$, was als gut brauchbar zu bezeichnen ist und das Vorgesagte bestätigt.

Die minutliche Umdrehungszahl des Flügelrades beträgt

$$n = \frac{22{,}9 \cdot 60}{6{,}597} = 208$$

gegen 280 des Rades mit Radialschaufeln.

Während die innere Radbreite zufolge der gleichbleibenden absoluten Eintrittsgeschwindigkeit für diesen Exhaustor dieselbe bleibt, wie beim vorberechneten — 175 mal 960 — ändert sich, des anderen w_2 halber, die. äußere Radbreite.

Die Sehnenlänge für die Kanalwand bleibt mit 233 mm bestehen. Der gleichwertige Durchmesser für außen beträgt:

$$D_{gl2} = \sqrt{\frac{4 \cdot 31{,}37}{28 \cdot 3{,}14 \cdot 27{,}4}} = 228 \,\text{mm} \oplus,$$

die einem Flächeninhalte von 0,0408 qm entsprechen. Unter deren Einsatz vermag man die Relativgeschwindigkeit auch zu erfahren

$$w_2 = \frac{V}{z \cdot F_{as}} = \frac{31{,}37}{28 \cdot 0{,}0408} = 27{,}4 \,\text{m/sek}$$

und nun

$$b_2 = \frac{233 \cdot 228}{466 - 228} = \text{rund } 223 \,\text{mm}.$$

Nachdem der Exhaustor für die Spitzenleitung der Kesselanlage berechnet ist, soll er jetzt auf seine Beschaffenheit für den Normalbetrieb untersucht werden.

Für diesen sind gegeben:

$$V = 19{,}13 \,\text{cbm}, \quad \gamma = 0{,}826 \,\text{kg/cbm}, \quad h_{st} = 25 \,\text{mm WS}.$$

Die absolute Eintrittsgeschwindigkeit beträgt

$$c_1 = 19{,}13 : 1{,}92 = \text{rd. } 10 \,\text{m/sek}$$

und folglich:

$$h_g = \frac{100 \cdot 0{,}826}{19{,}62} = 4{,}4 \,\text{mm WS}$$

und so beziffert sich die zu erzeugende Gesamtpressung auf

$$h = 25 + 4{,}4 = 29{,}4 \,\text{mm WS}.$$

Es ist zuerst die Relativgeschwindigkeit w_2 zu ermitteln. Die gleichwertige Fläche für den äußeren Kanalquerschnitt ist mit 0,0408 qm bekannt und so ist denn

$$w_2 = \frac{19{,}13}{28 \cdot 0{,}0408} = 16{,}7 \,\text{m/sek}$$

und

$$u_2 = \sqrt{(16,7 \cdot 0,3536)^2 + \frac{29,4 \cdot 9,81}{0,826 \cdot 0,55}} - 16,7 \cdot 0,3536 = 20,0 \text{ m/sek}$$

und hieraus die Tourenzahl

$$n = (20 \cdot 60) : 6,597 = 182.$$

Die Umfangsgeschwindigkeit am inneren Radumfange ist

$$u_1 = \frac{20 \cdot 1,56}{2,1} = 14,85 \text{ m/sek}$$

und sodann

$$\text{tg } \beta = \frac{10}{14,85} = 0,673 \text{ rund } 34^0.$$

Der Winkel α_1 beträgt also 146° gegenüber 136° für Spitzenleistung. Die Relativgeschwindigkeit für den Eintritt beträgt

$$w_1 = \frac{10}{0,559} = 17,9 \text{ m/sek,}$$

d. h. $w_2 = w_1 \cdot 0,93$ also weniger, denn w_1, was nicht als zweckmäßig bezeichnet werden kann.

Es ist zu erwägen, ob nach Lage der Betriebsverhältnisse häufiger mit Spitzen- oder Normalleistung zu rechnen ist, und darnach entscheidet es sich, wofür der Exhaustor grundlegend zu konstruieren ist. Selbstverständlich muß immer berücksichtigt werden, daß das Gebläse die Maximalleistung zu vollbringen vermag. Da nur in einem Falle der Gaseintritt radial, d. h. stoßfrei erfolgen kann und von der sich hierfür ergebenden Relativgeschwindigkeit w_1 die zweckmäßige w_2 abhängt, muß sich für Abweichungen von der Grundkonstruktion stets ein ungünstigerer Wirkungsgrad ergeben.

Schließlich sei auch noch der Kraftbedarf des Exhaustors für beide Betriebsfälle ermittelt, wobei der mechanische Nutzungswert sehr vorsichtig mit nur 55 vH eingesetzt werde. Es errechnen sich dann

$$PS = \frac{V \cdot h}{75 \cdot \varepsilon} = \frac{31,37 \cdot 40}{75 \cdot 0,55} = \text{rund } 30,4$$

für Spitzenbetrieb,

$$PS = \frac{19 \cdot 13 \cdot 29,4}{75 \cdot 0,55} = 13,6$$

für Normalbetrieb.

Sachverzeichnis.

www.ingramcontent.com/pod-product-compliance
Lightning Source LLC
Chambersburg PA
CBHW031446180326
41458CB00002B/659